KB015922

아이스크림 더 실전

왜, 더 실전 일까요?

AI 데이터로 구성한 교재입니다.

『더 실전』은 누적 체험자 수 130만 명의 선택을 받은
아이스크림 홈런의 **학습 데이터를 기반**으로 만들었습니다.
AI가 추천한 문제들을 난이도별로 배열한 단원 평가를 총 4회 구성하여
실전 시험에 충분히 대비할 수 있도록 하였습니다.

또한 AI를 활용하여 정답률 낮은 문제를 선별하였으며 **'틀린 유형 다시 보기'**를 통해
정답률 낮은 문제를 이해하는 기초를 제공하고 반복하여 복습할 수 있도록 하여
빈틈없이 **실전을 준비**할 수 있도록 하였습니다.

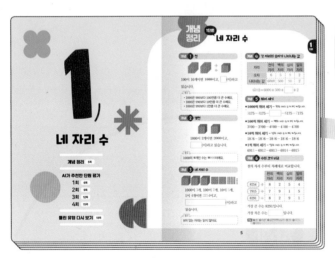

개념을 먼저
정리해요.

단원 평가 1회~4회로
실전 감각을 길러요.

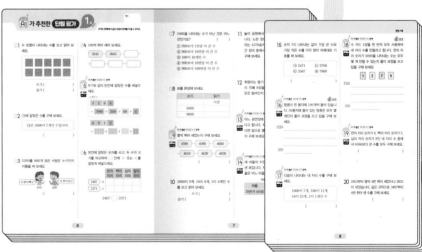

더 실전은 아래와 같은 상황에
더 필요하고 유용한 교재입니다.

☑ 내 실력을 알고 싶을 때
☑ 단원 평가에 대비할 때
☑ 학기를 마무리하는 시험에 대비할 때
☑ 시험에서 자주 틀리는 문제를 대비하고 싶을 때

『더 실전』이 적합합니다.

틀린 유형 다시 보기로
집중 학습을 해요.

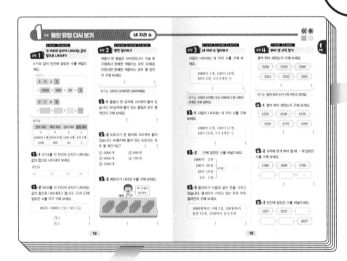

정답 및 풀이로
확인하고 점검해요.

1

네 자리 수

네 자리 수

개념 1 천

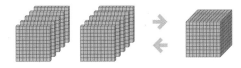

100이 10개이면 **1000**이고, ☐(이)라고 읽습니다.

> **참고**
> · 1000은 900보다 100만큼 더 큰 수예요.
> · 1000은 990보다 10만큼 더 큰 수예요.
> · 1000은 999보다 1만큼 더 큰 수예요.

개념 2 몇천

1000이 **2**개이면 **2000**이고,

☐(이)라고 읽습니다.

> **참고**
> 1000이 ■개인 수는 ■000이에요.

개념 3 네 자리 수

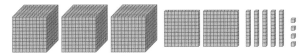

1000이 3개, 100이 2개, 10이 5개, 1이 4개이면 3254이고,

☐(이)라고 읽습니다.

> **참고**
> 0이 있는 자리는 읽지 않아요.

개념 4 각 자리의 숫자가 나타내는 값

자리	천의 자리	백의 자리	십의 자리	일의 자리
숫자	6	5	9	2
나타내는 값	6000	500	90	2

$$6592 = 6000 + 500 + \boxed{} + 2$$

개념 5 뛰어 세기

◆**1000씩 뛰어 세기** – 천의 자리 수가 1씩 커집니다.

$3175 - 4175 - \boxed{} - 6175 - 7175$

◆**100씩 뛰어 세기** – 백의 자리 수가 1씩 커집니다.

$3800 - 3900 - 4000 - 4100 - 4200$

◆**10씩 뛰어 세기** – 십의 자리 수가 1씩 커집니다.

$1826 - 1836 - 1846 - 1856 - 1866$

◆**1씩 뛰어 세기** – 일의 자리 수가 1씩 커집니다.

$6911 - 6912 - 6913 - 6914 - 6915$

개념 6 수의 크기 비교

천의 자리 수부터 차례대로 비교합니다.

	천의 자리	백의 자리	십의 자리	일의 자리
8254	8	2	5	4
7915	7	9	1	5
8291	8	2	9	1

가장 큰 수는 8291입니다.

가장 작은 수는 ☐입니다.

정답 ①천 ②이천 ③삼천이백오십사 ④90 ⑤5175 ⑥7915

01 수 모형이 나타내는 수를 쓰고 읽어 보세요.

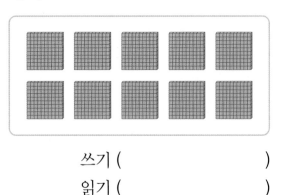

쓰기 (   )

읽기 (   )

02 ㉠에 알맞은 수를 구해 보세요.

㉠은 1000이 7개인 수입니다.

(   )

03 5209를 바르게 읽은 사람은 누구인지 이름을 써 보세요.

오천이백구 수지

오천이십구 선우

(   )

04 100씩 뛰어 세어 보세요.

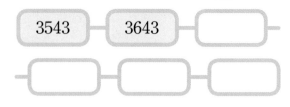

3543 — 3643 —

AI가 뽑은 정답률 낮은 문제

05 보기와 같이 빈칸에 알맞은 수를 써넣으세요.

🔗 18쪽 유형 1

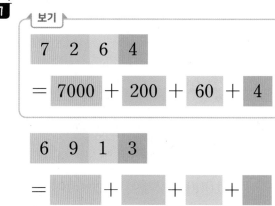

보기

| 7 | 2 | 6 | 4 |

= 7000 + 200 + 60 + 4

| 6 | 9 | 1 | 3 |

=   +   +   +

06 빈칸에 알맞은 숫자를 쓰고, 두 수의 크기를 비교하여 ◯ 안에 > 또는 <를 알맞게 써넣으세요.

	천의 자리	백의 자리	십의 자리	일의 자리
2407 →				
2371 →				

2407 ◯ 2371

07 1000을 나타내는 수가 아닌 것은 어느 것인가요? ( )

① 999보다 1만큼 더 큰 수
② 900보다 10만큼 더 큰 수
③ 100이 10개인 수
④ 990보다 10만큼 더 큰 수
⑤ 900보다 100만큼 더 큰 수

08 표를 완성해 보세요.

쓰기	읽기
	이천
5000	
9000	

AI가 뽑은 정답률 낮은 문제

09 몇씩 뛰어 세었는지 구해 보세요.

19쪽 유형4

4580 — 4590 — 4600 —

— 4610 — 4620 — 4630

( )

10 1000이 9개, 10이 8개, 1이 4개인 수를 쓰고 읽어 보세요.

쓰기 ( )
읽기 ( )

11 놀이 공원에서 장미 축제를 하고 있습니다. 노란 장미는 4352송이, 빨간 장미는 4378송이입니다. 노란 장미와 빨간 장미 중에서 어느 장미가 더 많은지 구해 보세요.

( )

12 희원이는 딸기 한 팩을 사면서 천 원짜리 지폐 8장을 냈습니다. 희원이가 낸 돈은 얼마인지 구해 보세요.

( )

AI가 뽑은 정답률 낮은 문제

13 어느 공연장에 1000명이 입장할 수 있다고 합니다. 지금까지 960명이 입장했다면 앞으로 몇 명이 더 입장할 수 있는지 구해 보세요.

20쪽 유형6

( )

AI가 뽑은 정답률 낮은 문제

14 세 마을의 자전거 수를 조사하여 나타낸 표입니다. 자전거 수가 가장 적은 마을은 어느 마을인지 구해 보세요.

20쪽 유형5

마을별 자전거 수

마을	하늘	우정	사랑
자전거 수(대)	1562	3046	1590

( )

15 숫자 7이 나타내는 값이 가장 큰 수와 가장 작은 수를 각각 찾아 차례대로 기호를 써 보세요.

> ㉠ 5471   ㉡ 2708
> ㉢ 3567   ㉣ 7860

(,   )

AI가 뽑은 정답률 낮은 문제   ✏️서술형

16 땅콩이 한 봉지에 100개씩 들어 있습니다. 50봉지에 들어 있는 땅콩은 모두 몇 개인지 풀이 과정을 쓰고 답을 구해 보세요.

🔗18쪽 유형 2

풀이 ▶

_____

_____

답 ▶ _____

AI가 뽑은 정답률 낮은 문제

17 다음이 나타내는 네 자리 수를 구해 보세요.

🔗19쪽 유형 3

> 1000이 7개, 100이 11개,
> 10이 23개, 1이 1개인 수

(   )

AI가 뽑은 정답률 낮은 문제   ✏️서술형

18 수 카드 4장을 한 번씩 모두 사용하여 네 자리 수를 만들려고 합니다. 천의 자리 숫자가 5000을 나타내는 수는 모두 몇 개 만들 수 있는지 풀이 과정을 쓰고 답을 구해 보세요.

🔗21쪽 유형 7

> | 1 | | 2 | | 7 | | 5 |

풀이 ▶

_____

_____

답 ▶

_____

AI가 뽑은 정답률 낮은 문제

19 천의 자리 숫자가 6, 백의 자리 숫자가 5, 십의 자리 숫자가 8인 네 자리 수 중에서 6586보다 큰 수를 모두 구해 보세요.

🔗23쪽 유형 11

(   )

20 2453부터 몇씩 4번 뛰어 세었더니 2853이 되었습니다. 같은 규칙으로 3407부터 4번 뛰어 센 수를 구해 보세요.

(   )

01 ☐ 안에 알맞은 수를 써넣으세요.

960   970   980   990   ☐

02 수 모형을 보고 ☐ 안에 알맞은 수나 말을 써넣으세요.

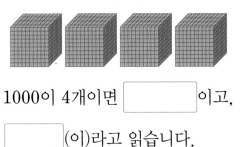

1000이 4개이면 ☐ 이고,

☐ (이)라고 읽습니다.

03~04 수를 읽거나 수로 써 보세요.

03   6570

(   )

04   삼천칠백이십구

(   )

05 ☐ 안에 알맞은 수를 써넣으세요.

5624

• 천의 자리 숫자는 ☐ 이고,

☐ 을/를 나타냅니다.

• 백의 자리 숫자는 ☐ 이고,

☐ 을/를 나타냅니다.

• 십의 자리 숫자는 ☐ 이고,

☐ 을/를 나타냅니다.

• 일의 자리 숫자는 ☐ 이고,

☐ 을/를 나타냅니다.

06 두 수의 크기를 비교하여 더 큰 수에 ○표 해 보세요.

3656   7408

(   )   (   )

07 구슬 8000개를 사려고 합니다. 구슬이 한 봉지에 1000개씩 들어 있다면 몇 봉지를 사야 하는지 구해 보세요.

(   )

08 천의 자리 숫자가 가장 큰 수를 찾아 기호를 써 보세요.

ㄱ 5438   ㄴ 6280   ㄷ 4946

(   )

09 다른 수를 말한 사람은 누구인지 이름을 써 보세요.

100이 10개인 수야.
영은

999보다 1만큼 더 큰 수야.
예준

900보다 100만큼 더 작은 수야.
민호

990보다 10만큼 더 큰 수야.
하린

(   )

10 8647보다 작은 수는 모두 몇 개인지 구해 보세요.

7585   8720   8619   8697

(   )

11 ㄱ이 나타내는 값과 ㄴ이 나타내는 값의 차를 구해 보세요.

2 5 8 2
ㄱ ㄴ

(   )

AI가 **뽑은** 정답률 낮은 **문제**

12 공책이 한 상자에 100권씩 들어 있습니다. 30상자에 들어 있는 공책은 모두 몇 권인지 구해 보세요.

🔗 18쪽
유형 2

(   )

13 ㄱ과 ㄴ은 같은 수입니다. ☐ 안에 알맞은 말을 써넣으세요.

ㄱ 1000이 4개, 100이 17개,
10이 5개, 1이 4개인 수

ㄴ ☐ 천칠백오십사

14 어느 가게에서 주스 한 병을 3000원에 팔고 있습니다. 이 가게에서 9700원으로 주스를 몇 병까지 살 수 있는지 구해 보세요.

(   )

AI가 뽑은 정답률 낮은 문제

15 민준이는 9510원, 강우는 8740원, 예은이는 8880원을 가지고 있습니다. 돈을 많이 가지고 있는 사람부터 차례대로 이름을 써 보세요.

📎 20쪽 유형 5

(   )

AI가 뽑은 정답률 낮은 문제　　　　🖊 서술형

16 음료수 한 병의 가격은 1000원입니다. 민정이가 음료수 한 병을 사려면 얼마가 더 있어야 하는지 풀이 과정을 쓰고 답을 구해 보세요.

📎 20쪽 유형 6

나는
100원짜리 동전 6개와
10원짜리 동전 10개를
가지고 있어.

민정

풀이 ▶
_____

_____

답 ▶
_____

AI가 뽑은 정답률 낮은 문제

17 1000이 1개, 100이 2개, 10이 8개, 1이 9개인 수부터 200씩 4번 뛰어 센 수를 구해 보세요.

📎 22쪽 유형 10

(   )

AI가 뽑은 정답률 낮은 문제

18 지영이는 서점에서 책을 사면서 천 원짜리 지폐 7장과 백 원짜리 동전 15개를 냈습니다. 지영이가 낸 돈은 모두 얼마인지 구해 보세요.

📎 19쪽 유형 3

(   )

19 두 수에서 각각 한 개의 숫자가 지워져 보이지 않습니다. 두 수의 크기를 비교하여 ○ 안에 > 또는 <를 알맞게 써넣으세요.

59▨2 ○ 5▨01

🖊 서술형

20 어떤 수에서 10씩 3번 뛰어 세어야 하는데 100씩 3번 뛰어 세었더니 4883이 되었습니다. 바르게 뛰어 센 수는 얼마인지 풀이 과정을 쓰고 답을 구해 보세요.

풀이 ▶
_____

_____

_____

답 ▶
_____

01 다음이 나타내는 수를 써 보세요.

> 900보다 100만큼 더 큰 수

( )

02 수 모형을 보고 □ 안에 알맞은 수를 써넣으세요.

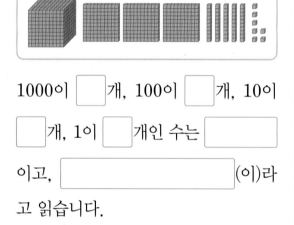

1000이 □ 개, 100이 □ 개, 10이 □ 개, 1이 □ 개인 수는 □ 이고, □ (이)라고 읽습니다.

03 수로 써 보세요.

> 삼천팔십오

( )

04 1000씩 뛰어 세어 보세요.

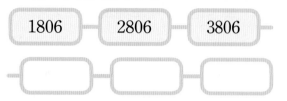

| 1806 | 2806 | 3806 |

| | | |

AI가 뽑은 정답률 낮은 문제

05 왼쪽과 오른쪽을 연결하여 1000이 되도록 이어 보세요.

🔗 20쪽 유형 6

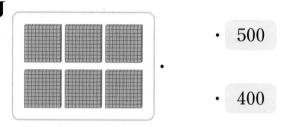

· 500

· 400

06 숫자 6이 나타내는 값이 다른 하나를 찾아 기호를 써 보세요.

> ㉠ 2468   ㉡ 9671   ㉢ 8365

( )

07 수 배열표에서 색칠한 수는 몇씩 뛰어 센 것인지 구해 보세요.

3230	3240	3250	3260	3270
3330	3340	3350	3360	3370
3430	3440	3450	3460	3470
3530	3540	3550	3560	3570

( )

08 빈칸에 알맞은 수를 써넣으세요.

📎 19쪽
유형 4

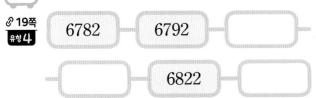

| 6782 | 6792 | |
| | 6822 | |

09 가장 큰 수를 찾아 기호를 써 보세요.

📎 20쪽
유형 5

> ㉠ 3580   ㉡ 6193   ㉢ 4327

( )

10 다른 수를 말한 사람은 누구인지 이름을 써 보세요.

천 모형이 2개 있어.   백 모형이 20개 있어.   백 모형이 10개 있어.

연선   준희   예솔

( )

11 나타내는 수가 더 큰 것의 기호를 써 보세요.

> ㉠ 구천오백사십   ㉡ 구천육십칠

( )

12 숫자 5가 나타내는 값이 두 번째로 큰 수는 어느 것인가요? ( )

① 5678   ② 8015   ③ 1582
④ 2654   ⑤ 4725

13 한 상자에 지우개가 100개씩 들어 있습니다. 50상자에 들어 있는 지우개는 모두 몇 개인가요? ( )

📎 18쪽
유형 2

① 500개   ② 5000개   ③ 600개
④ 6000개   ⑤ 150개

14 세운이는 가게에서 7400원짜리 장난감을 사려고 합니다. 거스름돈을 받지 않게 1000원짜리 지폐와 100원짜리 동전을 가장 적은 수로 내려고 합니다. 1000원짜리 지폐는 몇 장을 내야 하고, 100원짜리 동전은 몇 개를 내야 할지 각각 구해 보세요.

1000원짜리 지폐 ( )
100원짜리 동전 ( )

15

0부터 9까지의 수 중에서 ☐ 안에 들어갈 수 있는 수를 모두 구해 보세요.

22쪽
유형 9

$$2256 > 2\boxed{}55$$

(   )

16 ☐ 안에 알맞은 수를 써넣으세요.

4563은 1000이 ☐개, 100이 25개, 10이 ☐개, 1이 3개인 수입니다.

17 🖊서술형

어떤 수에서 100씩 5번 뛰어 세었더니 91103이 되었습니다. 어떤 수는 얼마인지 풀이 과정을 쓰고 답을 구해 보세요.

풀이▶ _____

_____

_____

답▶ _____

18 천의 자리 숫자가 3, 십의 자리 숫자가 4, 일의 자리 숫자가 7인 네 자리 수 중에서 두 번째로 큰 수를 구해 보세요.

(   )

19

조건에 맞는 네 자리 수를 구해 보세요.

23쪽
유형 11

조건
• 백의 자리 숫자는 200을 나타냅니다.
• 천의 자리 숫자와 십의 자리 숫자는 백의 자리 숫자보다 4만큼 더 큽니다.
• 일의 자리 숫자는 5를 나타냅니다.

(   )

20 🖊서술형

수 카드 4장을 한 번씩 모두 사용하여 십의 자리 숫자가 8인 가장 큰 네 자리 수를 만들려고 합니다. 풀이 과정을 쓰고 답을 구해 보세요.

23쪽
유형 12

9   1   8   6

풀이▶ _____

_____

_____

답▶ _____

01 수로 써 보세요.

오천

( )

02 수직선의 ▲에 알맞은 수를 쓰고 읽어 보세요.

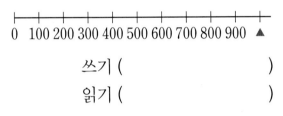

쓰기 ( )

읽기 ( )

03 예솔이가 말하는 수를 써 보세요.

1000이 3개인 수야.

예솔

( )

04 밑줄 친 숫자가 나타내는 값을 구해 보세요.

2887

( )

05 100씩 뛰어 세어 보세요.

06 두 수의 크기를 비교하여 ○ 안에 > 또는 <를 알맞게 써넣으세요.

5708 ○ 5732

07 그림이 나타내는 수를 쓰고 읽어 보세요.

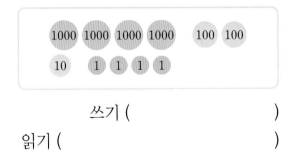

쓰기 ( )

읽기 ( )

08 나타내는 수가 다른 하나를 찾아 기호를 써 보세요.

> ㉠ 1000이 9개인 수
> ㉡ 구천
> ㉢ 900
> ㉣ 100이 90개인 수

(   )

09 ☐ 안에 알맞은 수를 써넣으세요.

> • 1000은 ☐ 보다 10만큼 더 큰 수입니다.
> • ☐ 보다 1만큼 더 큰 수는 1000입니다.

10 두 수의 크기를 바르게 비교한 사람은 누구인지 이름을 써 보세요.

> • 도훈: 6013 < 5931
> • 민영: 3580 > 3679
> • 시우: 4445 < 4449

(   )

⚡ AI가 뽑은 정답률 낮은 문제

11 🧳 ⚮18쪽 유형1 7124를 각 자리의 숫자가 나타내는 값의 합으로 나타내려고 합니다. ㉠과 ㉡에 알맞은 수의 합을 구해 보세요.

$$7124 = 7000 + 100 + ㉠ + ㉡$$

(   )

12 수로 나타내었을 때 숫자 0이 가장 많은 것은 어느 것인가요?   (   )

① 천칠백이   ② 오천삼십일
③ 사천백십   ④ 육천구백구
⑤ 이천사백

13 여림이네 가족은 한 통화에 1000원을 기부하는 이웃 돕기 성금 전화를 6통 걸었습니다. 여림이네 가족이 낸 이웃 돕기 성금은 모두 얼마인지 구해 보세요.

(   )

14 로아의 저금통에 4590원이 들어 있습니다. 다음 날부터 매일 1000원씩 저금통에 넣는다면 5일 후 저금통에 들어 있는 돈은 얼마일지 구해 보세요.

(   )

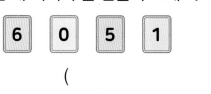

15 ⬜ 안에 알맞은 수를 써넣으세요.

🔗 19쪽
유형 3

1000이 1개 ⎫
100이 16개 ⎬ 이면 ⬜
10이 5개 ⎪
1이 8개 ⎭

16 수 카드 4장을 한 번씩 모두 사용하여 십의 자리 숫자가 90을 나타내는 네 자리 수를 2개 만들어 보세요.

🔗 21쪽
유형 7

| 9 | 5 | 2 | 4 |

(,   )

✏️ 서술형

17 나타내는 수가 더 큰 것의 기호를 쓰려고 합니다. 풀이 과정을 쓰고 답을 구해 보세요.

> ㉠ 4820부터 200씩 3번 뛰어 센 수
> ㉡ 2315부터 500씩 6번 뛰어 센 수

풀이 ▶

_____

_____

_____

답 ▶

_____

18 수 카드 4장을 한 번씩 모두 사용하여 가장 큰 네 자리 수를 만들어 보세요.

🔗 23쪽
유형 12

| 6 | 0 | 5 | 1 |

(   )

19 ✏️ 서술형

2670부터 몇씩 거꾸로 뛰어 센 것입니다. 같은 방법으로 5724부터 거꾸로 4번 뛰어 센 수는 얼마인지 풀이 과정을 쓰고 답을 구해 보세요.

🔗 21쪽
유형 8

| 2670 | ─ | 2660 | ─ | 2650 | ─ | 2640 |

풀이 ▶

_____

_____

_____

답 ▶

_____

20 0부터 9까지의 수 중에서 ♥에 공통으로 들어갈 수 있는 수는 모두 몇 개인지 구해 보세요.

🔗 22쪽
유형 9

> • 7347 > 73♥5
> • 68♥3 < 6831

(   )

단원 틀린 유형 다시 보기

네 자리 수

🔗 1회 5번 🔗 4회 11번

유형 1 각 자리의 숫자가 나타내는 값의 합으로 나타내기

보기와 같이 빈칸에 알맞은 수를 써넣으세요.

보기

| 1 | 9 | 4 | 3 |

$= 1000 + 900 + 40 + 3$

| 5 | 2 | 6 | 8 |

$= \square + \square + \square + \square$

❶Tip

천의 자리	백의 자리	십의 자리	일의 자리
1	9	4	3
1000이 1개	100이 9개	10이 4개	1이 3개
1000	900	40	3

1 -1 6724를 각 자리의 숫자가 나타내는 값의 합으로 나타내어 보세요.

6724

$= \square + \square + \square + \square$

1 -2 8659를 각 자리의 숫자가 나타내는 값의 합으로 나타내려고 합니다. ㉠과 ㉡에 알맞은 수를 각각 구해 보세요.

$8659 = 8000 + ㉠ + 50 + ㉡$

㉠ (   )

㉡ (   )

🔗 1회 16번 🔗 2회 12번 🔗 3회 13번

유형 2 몇천 알아보기

색종이 한 묶음은 100장입니다. 오늘 문구점에서 판매한 색종이는 모두 30묶음이었다면 판매한 색종이는 모두 몇 장인지 구해 보세요.

(   )

❶Tip 100이 10개이면 1000이에요.

2 -1 클립이 한 상자에 100개씩 들어 있습니다. 80상자에 들어 있는 클립은 모두 몇 개인지 구해 보세요.

(   )

2 -2 도토리가 한 봉지에 100개씩 들어 있습니다. 60봉지에 들어 있는 도토리는 모두 몇 개인가요?   (   )

① 5000개   ② 600개
③ 6000개   ④ 700개
⑤ 7000개

2 -3 예준이가 나타낸 수를 구해 보세요.

백 모형이 20개야.

예준

(   )

유형 3 | 네 자리 수 알아보기

🔗 1회 17번 🔗 2회 18번 🔗 4회 15번

다음이 나타내는 네 자리 수를 구해 보세요.

> 1000이 1개, 100이 18개,
> 10이 2개, 1이 9개인 수

(   )

❶Tip 100이 18개인 수는 1000이 1개, 100이 8개인 수와 같아요.

3-1 다음이 나타내는 네 자리 수를 구해 보세요.

> 1000이 5개, 100이 17개,
> 10이 15개, 1이 4개인 수

(   )

3-2 ☐ 안에 알맞은 수를 써넣으세요.

1000이 2개 ─┐
100이 20개 ─┤
                     ├ 이면 ☐
10이 19개 ─┤
1이   1개 ─┘

3-3 용식이가 다음과 같이 돈을 가지고 있습니다. 용식이가 가지고 있는 돈은 모두 얼마인지 구해 보세요.

> 1000원짜리 지폐 3장, 100원짜리 동전 15개, 10원짜리 동전 8개

(   )

유형 4 | 뛰어 센 규칙 찾기

🔗 1회 9번 🔗 3회 8번

몇씩 뛰어 세었는지 구해 보세요.

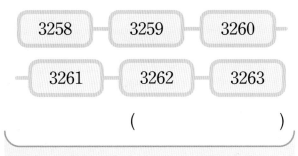

(   )

❶Tip 일의 자리 수가 1씩 커지고 있어요.

4-1 몇씩 뛰어 세었는지 구해 보세요.

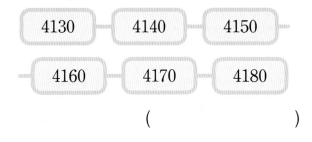

(   )

4-2 규칙에 맞게 뛰어 셀 때 ★에 알맞은 수를 구해 보세요.

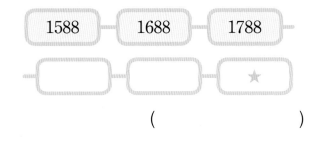

(   )

4-3 빈칸에 알맞은 수를 써넣으세요.

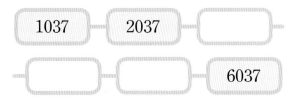

🔗 1회 14번 🔗 2회 15번 🔗 3회 9번

유형 5 **세 수의 크기 비교하기**

가장 큰 수를 찾아 기호를 써 보세요.

> ㉠ 5092
> ㉡ 7213
> ㉢ 3999

(   )

❶Tip 네 자리 수의 크기를 비교할 때는 천의 자리 수부터 비교하고, 천의 자리 수가 같으면 백의 자리 수끼리, 백의 자리 수가 같으면 십의 자리 수끼리, 십의 자리 수가 같으면 일의 자리 수끼리 비교해요.

5-1 어느 해 등산객 수를 조사하여 나타낸 표입니다. 등산객 수가 가장 적은 산은 어느 산인지 구해 보세요.

산별 등산객 수

산	도봉산	관악산	지리산
등산객 수(명)	6019	5412	5821

(   )

5-2 어느 가게에서 한 달 동안 연아는 1322원, 영호는 2090원, 지영이는 1840원의 포인트를 적립했습니다. 포인트를 많이 적립한 사람부터 차례대로 이름을 써 보세요.

(   )

🔗 1회 13번 🔗 2회 16번 🔗 3회 5번

유형 6 **1000이 되게 만들기**

1000원이 되려면 얼마가 더 있어야 하는지 구해 보세요.

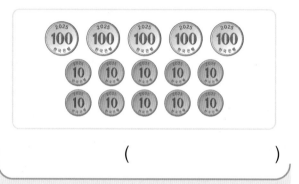

(   )

❶Tip 1000원은 100원짜리 동전 10개와 같아요.

6-1 왼쪽과 오른쪽을 연결하여 1000이 되도록 이어 보세요.

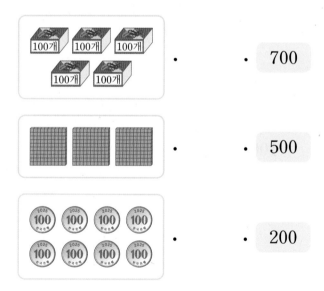

· 700

· 500

· 200

6-2 어느 회사에서 이벤트에 참여한 1000명에게 쿠폰을 준다고 합니다. 쿠폰을 지금까지 930명이 받았다면 앞으로 몇 명이 더 받을 수 있는지 구해 보세요.

(   )

⊘ 1회 18번 ⊘ 4회 16번

유형 7 수 카드를 사용하여 네 자리 수 만들기

수 카드 4장을 한 번씩 모두 사용하여 백의 자리 숫자가 200을 나타내는 네 자리 수를 2개 만들어 보세요.

| 0 | 2 | 3 | 9 |

(,   )

❶Tip 백의 자리 숫자가 200을 나타내므로 백의 자리 숫자는 2이고, 네 자리 수이므로 천의 자리에 0을 쓸 수 없어요.

7-1 수 카드 4장을 한 번씩 모두 사용하여 천의 자리 숫자가 8이고, 백의 자리 숫자가 100을 나타내는 네 자리 수를 모두 만들어 보세요.

| 2 | 1 | 8 | 5 |

(   )

7-2 수 카드 4장을 한 번씩 모두 사용하여 네 자리 수를 만들려고 합니다. 백의 자리 숫자가 6인 수는 모두 몇 개 만들 수 있는지 구해 보세요.

| 7 | 6 | 0 | 1 |

(   )

⊘ 4회 19번

유형 8 거꾸로 뛰어 세기

1000씩 거꾸로 뛰어 세어 보세요.

| 9204 | 8204 | 7204 |

| | | |

❶Tip 1000씩 거꾸로 뛰어 세면 천의 자리 수가 1씩 작아져요.

8-1 100씩 거꾸로 뛰어 세어 보세요.

| 5353 | 5253 | 5153 |

| | | |

8-2 1씩 거꾸로 뛰어 셀 때 ★에 알맞은 수를 구해 보세요.

| 8729 | 8728 | 8727 |

| | ★ | |

(   )

8-3 몇씩 거꾸로 뛰어 세었는지 구해 보세요.

| 4838 | 4828 | 4818 |

| 4808 | 4798 | 4788 |

(   )

🔗 3회 15번 🔗 4회 20번

유형 9 ☐ 안에 들어갈 수 있는 수 구하기

0부터 9까지의 수 중에서 ☐ 안에 들어갈 수 있는 수를 모두 구해 보세요.

$$1867 < 18\square4$$

(   )

❶Tip 1867과 18☐4는 천의 자리와 백의 자리 수가 같으므로 십의 자리 수를 비교하여 ☐ 안에 들어갈 수 있는 수를 구해요.

9-1 0부터 9까지의 수 중에서 ☐ 안에 들어갈 수 있는 수는 모두 몇 개인지 구해 보세요.

$$5405 > 5\square10$$

(   )

9-2 0부터 9까지의 수 중에서 ☐ 안에 공통으로 들어갈 수 있는 수를 모두 구해 보세요.

- 7☐32 > 7521
- 4972 < 49☐3

(   )

🔗 2회 17번

유형 10 여러 번 뛰어 센 수 구하기

2520부터 10씩 5번 뛰어 센 수를 구해 보세요.

(   )

❶Tip 10씩 뛰어 세면 십의 자리 수가 1씩 커져요.

10-1 8849부터 100씩 4번 뛰어 센 수를 구해 보세요.

(   )

10-2 1255부터 2000씩 3번 뛰어 센 수를 구해 보세요.

(   )

10-3 1000이 3개, 100이 1개, 10이 7개, 1이 6개인 수부터 300씩 2번 뛰어 센 수를 구해 보세요.

(   )

1 단원

1회 19번 3회 19번

유형 11 조건에 맞는 수 구하기

천의 자리 숫자가 9, 백의 자리 숫자가 6, 십의 자리 숫자가 4인 네 자리 수 중에서 9647보다 큰 수를 모두 구해 보세요.

( )

❶Tip 천의 자리 숫자가 9, 백의 자리 숫자가 6, 십의 자리 숫자가 4인 네 자리 수는 964□ 로 나타낼 수 있어요.

11-1 천의 자리 숫자가 8, 십의 자리 숫자가 4, 일의 자리 숫자가 4인 네 자리 수 중에서 8100보다 작은 수를 구해 보세요.

( )

11-2 조건에 맞는 네 자리 수를 구해 보세요.

조건
• 2000보다 작은 수입니다.
• 백의 자리 숫자는 800을 나타냅니다.
• 십의 자리 숫자는 오십을 나타냅니다.
• 일의 자리 숫자는 8보다 큽니다.

( )

3회 20번 4회 18번

유형 12 수 카드를 사용하여 가장 큰 (작은) 네 자리 수 만들기

수 카드 4장을 한 번씩 모두 사용하여 가장 큰 네 자리 수를 만들어 보세요.

| 3 | 6 | 5 | 8 |

( )

❶Tip 높은 자리에 큰 수를 넣을수록 수가 커져요.

12-1 수 카드 4장을 한 번씩 모두 사용하여 가장 작은 네 자리 수를 만들어 보세요.

| 5 | 1 | 2 | 4 |

( )

12-2 수 카드 4장을 한 번씩 모두 사용하여 십의 자리 숫자가 7인 가장 큰 네 자리 수를 만들어 보세요.

| 8 | 7 | 1 | 5 |

( )

12-3 수 카드 4장을 한 번씩 모두 사용하여 일의 자리 숫자가 2인 가장 작은 네 자리 수를 만들어 보세요.

| 9 | 2 | 4 | 6 |

( )

2

곱셈구구

곱셈구구

개념 ① 2단, 5단 곱셈구구

$2 \times 1 = 2$　　　　$5 \times 1 = 5$

$2 \times 2 = \boxed{}$　　$5 \times 2 = 10$

$2 \times 3 = 6$　　　　$5 \times 3 = 15$

$2 \times 4 = 8$　　　　$5 \times 4 = 20$

$2 \times 5 = 10$　　　$5 \times 5 = 25$

$2 \times 6 = 12$　　　$5 \times 6 = 30$

$2 \times 7 = 14$　　　$5 \times 7 = 35$

$2 \times 8 = 16$　　　$5 \times 8 = 40$

$2 \times 9 = 18$　　　$5 \times 9 = 45$

개념 ② 3단, 6단 곱셈구구

$3 \times 1 = 3$　　　　$6 \times 1 = 6$

$3 \times 2 = 6$　　　　$6 \times 2 = 12$

$3 \times 3 = 9$　　　　$6 \times 3 = 18$

$3 \times 4 = 12$　　　$6 \times 4 = 24$

$3 \times 5 = 15$　　　$6 \times 5 = 30$

$3 \times 6 = 18$　　　$6 \times 6 = \boxed{}$

$3 \times 7 = 21$　　　$6 \times 7 = 42$

$3 \times 8 = 24$　　　$6 \times 8 = 48$

$3 \times 9 = 27$　　　$6 \times 9 = 54$

개념 ③ 4단, 8단 곱셈구구

$4 \times 1 = 4$　　　　$8 \times 1 = 8$

$4 \times 2 = 8$　　　　$8 \times 2 = 16$

$4 \times 3 = 12$　　　$8 \times 3 = 24$

$4 \times 4 = 16$　　　$8 \times 4 = 32$

$4 \times 5 = \boxed{}$　　$8 \times 5 = 40$

$4 \times 6 = 24$　　　$8 \times 6 = 48$

$4 \times 7 = 28$　　　$8 \times 7 = 56$

$4 \times 8 = 32$　　　$8 \times 8 = 64$

$4 \times 9 = 36$　　　$8 \times 9 = 72$

개념 ④ 7단, 9단 곱셈구구

$7 \times 1 = 7$　　　　$9 \times 1 = 9$

$7 \times 2 = 14$　　　$9 \times 2 = 18$

$7 \times 3 = 21$　　　$9 \times 3 = 27$

$7 \times 4 = 28$　　　$9 \times 4 = 36$

$7 \times 5 = 35$　　　$9 \times 5 = 45$

$7 \times 6 = 42$　　　$9 \times 6 = 54$

$7 \times 7 = 49$　　　$9 \times 7 = 63$

$7 \times 8 = 56$　　　$9 \times 8 = \boxed{}$

$7 \times 9 = 63$　　　$9 \times 9 = 81$

개념 ⑤ 1단 곱셈구구, 0의 곱

- $1 \times$ (어떤 수) $=$ (어떤 수),
  (어떤 수) $\times 1 =$ (어떤 수)

- $0 \times$ (어떤 수) $= 0$, (어떤 수) $\times 0 = \boxed{}$

개념 ⑥ 곱셈표

×	0	1	2	3	4	5	6	7	8	9
0	0	0	0	0	0	0	0	0	0	0
1	0	1	2	3	4	5	6	7	8	9
2	0	2	4	6	8	10	12	14	16	18
3	0	3	6	9	12	15	18	21	24	27
4	0	4	$\boxed{}$	12	16	20	24	28	32	36
5	0	5	10	15	20	25	30	35	40	45
6	0	6	12	18	24	30	36	42	48	54
7	0	7	14	21	28	35	42	49	56	63
8	0	8	16	24	32	40	48	56	64	72
9	0	9	18	27	36	45	54	63	72	81

정답 ❶ 4 ❷ 36 ❸ 20 ❹ 72 ❺ 0 ❻ 8

01 3개씩 묶고 곱셈식으로 나타내어 보세요.

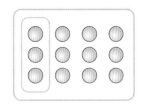

$3 \times \boxed{} = \boxed{}$

AI가 **뽑은** 정답률 낮은 **문제**

02 수직선을 보고 곱셈식으로 나타내어 보세요.

📎38쪽
유형 1

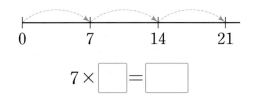

$7 \times \boxed{} = \boxed{}$

03 6×4와 같은 것은 어느 것인가요?

( )

① $6+6+6+6+6+6$
② $4+4+4+4$
③ $6+4$
④ $6+6+6+6$
⑤ $6+4+6+4$

04 1단 곱셈표를 완성해 보세요.

×	1	2	3	4	5	6
1	1					6

05~07 곱셈표를 보고 물음에 답해 보세요.

×	4	5	6	7	8	9
4	16	20	24	28	32	36
5	20	25	30	35	40	45
6	24	30	36	42	48	54
7	28	35	42	49	56	63
8	32	40	48	56	64	72
9	36	45	54	63	72	81

AI가 **뽑은** 정답률 낮은 **문제**

05 ☐ 안에 알맞은 수를 써넣으세요.

📎40쪽
유형 5

6단 곱셈구구에서는 곱이 $\boxed{}$씩 커집니다.

AI가 **뽑은** 정답률 낮은 **문제**

06 곱이 5씩 커지는 곱셈구구는 몇 단인가요?

📎40쪽
유형 5

( )

① 4단   ② 5단
③ 6단   ④ 7단
⑤ 8단

AI가 **뽑은** 정답률 낮은 **문제**

07 곱의 크기를 비교하여 ◯ 안에 $>$, $=$, $<$를 알맞게 써넣으세요.

📎39쪽
유형 3

$7 \times 7 \bigcirc 9 \times 6$

AI가 뽑은 정답률 낮은 문제

08 바둑돌은 모두 몇 개인지 곱셈식으로 나타내어 보세요.

38쪽
유형1

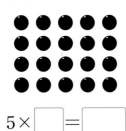

$5 \times \boxed{} = \boxed{}$

09 8단 곱셈구구의 값을 찾아 이어 보세요.

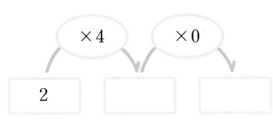

8×7		40
8×5		24
8×3		56

10 빈칸에 알맞은 수를 써넣으세요.

$\times 4$ $\times 0$

2 $\boxed{}$ $\boxed{}$

11 $\boxed{}$ 안에 알맞은 수를 써넣으세요.

$9 \times 2 = 18$

$9 \times 4 = \boxed{}$

$9 \times \boxed{} = 54$

$\boxed{} \times 8 = 72$

AI가 뽑은 정답률 낮은 문제

12 $\boxed{}$ 안에 들어갈 수 있는 수를 모두 찾아 ○표 해 보세요.

42쪽
유형9

$6 \times \boxed{} < 30$

(1 , 2 , 3 , 4 , 5 , 6 , 7)

13 3×9와 곱이 같은 곱셈구구를 써 보세요.

$\boxed{} \times \boxed{} = \boxed{}$

AI가 뽑은 정답률 낮은 문제 ✏서술형

14 야구공이 한 상자에 6개씩 들어 있습니다. 7상자에 들어 있는 야구공은 모두 몇 개인지 풀이 과정을 쓰고 답을 구해 보세요.

41쪽
유형8

풀이▶

_____

_____

_____

답▶

_____

15 ☐ 안에 공통으로 들어갈 수를 구해 보세요.

39쪽
유형4

$$3 \times \square = 0 \qquad \square \times 1 = 0$$

(   )

16 수직선을 보고 ☐ 안에 알맞은 수를 써넣으세요.

0   5   10   15   20   25

$$4 \times 4 = \square \qquad 4 \times \square = 24$$
$$8 \times \square = 16 \qquad 8 \times 3 = \square$$

서술형

17 다음 곱셈식에 알맞은 문제를 만들고 답을 구해 보세요.

$$5 \times 7$$

문제 ▶
_____
_____
_____

답 ▶
_____

18~19 연결 모형의 수를 구하려고 합니다. 물음에 답해 보세요.

18 연결 모형을 2개씩 2줄과 2개씩 6줄로 나누어서 연결 모형의 수를 각각 구해 보세요.

$$2 \times 2 = \square \,(개)$$
$$2 \times 6 = \square \,(개)$$

19 연결 모형은 모두 몇 개인지 구해 보세요.

(   )

20 수 카드 4장 중에서 2장을 골라 한 번씩만 사용하여 곱셈식을 만들 때 가장 큰 곱을 구해 보세요.

| 5 | 2 | 6 | 4 |

(   )

🔗38~43쪽에서 같은 유형의 문제를 더 풀 수 있어요.

2 단원

AI가 뽑은 정답률 낮은 문제

01 6×3을 계산하는 방법입니다. ☐ 안에 알맞은 수를 써넣으세요.

🔗38쪽 유형 2

방법 ①

6×3은 6씩 ☐ 번 더해서 계산합니다.

6×3= ☐ + ☐ + ☐

= ☐

방법 ②

6×3은 6×2에 ☐ 을/를 더해서 계산합니다.

6×2=12

6×3= ☐ ⌒ + ☐

02 곱셈식을 보고 접시에 ○를 그려 보세요.

3×4=12

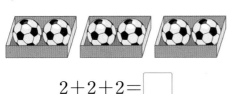

03 그림을 보고 ☐ 안에 알맞은 수를 써넣으세요.

2+2+2= ☐

2× ☐ = ☐

04 5×4는 5×3보다 얼마나 더 큰지 ○를 그려서 나타내고, ☐ 안에 알맞은 수를 써넣으세요.

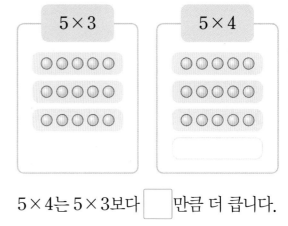

5×4는 5×3보다 ☐ 만큼 더 큽니다.

05 6단 곱셈구구의 값을 모두 찾아 색칠해 보세요.

6	9	35	33
17	24	2	30
21	20	42	19

06 바르게 말한 사람은 누구인지 이름을 써 보세요.

• 은우: 어떤 수와 1의 곱은 항상 1입니다.
• 진우: 어떤 수와 0의 곱은 항상 0입니다.

(   )

07 빈칸에 알맞은 수를 써넣어 곱셈표를 완성해 보세요.

📎 40쪽
유형 6

×	2	3	4
7	14	21	
8			32

08 구슬은 모두 몇 개인지 곱셈식으로 나타내어 보세요.

📎 38쪽
유형 1

$1 \times \boxed{} = \boxed{}$

09 곱이 33보다 큰 것에 ○표 해 보세요.

8×4	5×7

(   )   (   )

10 사탕은 모두 몇 개인지 구하려고 합니다. ☐ 안에 알맞은 수를 써넣으세요.

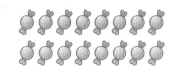

$2 \times \boxed{} = \boxed{}$, $4 \times \boxed{} = \boxed{}$

11 그림을 보고 만들 수 없는 곱셈식은 어느 것인가요? (   )

① 3×8 ② 4×6

③ 5×5 ④ 6×4

⑤ 8×3

12 곱이 70보다 큰 것을 찾아 기호를 써 보세요.

㉠ 8×8	㉡ 7×7	㉢ 9×9

(   )

13 곱셈표에서 ★과 곱이 같은 칸을 찾아 ○표 해 보세요.

×	5	6	7	8
5				
6				★
7				
8				

14 4×3을 나타내는 그림을 그려 보세요.

AI가 뽑은 정답률 낮은 문제

15 1부터 9까지의 수 중에서 ☐ 안에 들어갈 수 있는 수는 모두 몇 개인지 구해 보세요.

∂ 42쪽
유형 9

$$7 \times \boxed{} > 47$$

(   )

AI가 뽑은 정답률 낮은 문제

16 블록 1개의 길이는 4 cm입니다. 블록 7개의 길이는 몇 cm인지 구해 보세요.

∂ 41쪽
유형 8

4 cm

(   )

AI가 뽑은 정답률 낮은 문제 ✏️서술형

17 곱이 큰 것부터 차례대로 기호를 쓰려고 합니다. 풀이 과정을 쓰고 답을 구해 보세요.

∂ 39쪽
유형 3

ㄱ 9×5   ㄴ 8×6   ㄷ 7×7

풀이 ▶

_____

_____

_____

답 ▶

_____

✏️서술형

18 나타내는 수가 다른 하나를 찾아 기호를 쓰려고 합니다. 풀이 과정을 쓰고 답을 구해 보세요.

ㄱ 3을 5번 더한 수
ㄴ 3×4에 3을 더한 수
ㄷ 3×4와 3×4를 더한 수

풀이 ▶

_____

_____

_____

답 ▶

_____

AI가 뽑은 정답률 낮은 문제

19 수 카드 3장을 한 번씩만 사용하여 ☐ 안에 알맞은 수를 써넣으세요.

∂ 43쪽
유형 11

$$7 \times \boxed{} = \boxed{}\,\boxed{}$$

20 지우개가 한 상자에 9개씩 4상자 있습니다. 이 지우개를 한 상자에 6개씩 담으면 몇 상자가 되는지 구해 보세요.

(   )

AI가 뽑은 정답률 낮은 문제

01 공은 모두 몇 개인지 곱셈식으로 나타내어 보세요.

∂ 38쪽 **유형 1**

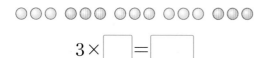

$$3 \times \boxed{} = \boxed{}$$

02 ☐ 안에 알맞은 수를 써넣으세요.

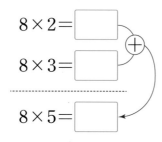

$$8 \times 2 = \boxed{}$$
$$8 \times 3 = \boxed{}$$
$$8 \times 5 = \boxed{}$$

AI가 뽑은 정답률 낮은 문제

03 꽃은 모두 몇 송이인지 곱셈식으로 나타내어 보세요.

∂ 39쪽 **유형 4**

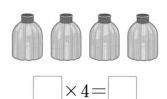

$$\boxed{} \times 4 = \boxed{}$$

04 4단 곱셈구구의 값이 아닌 것은 어느 것인가요? ( )

① 4   ② 12
③ 16   ④ 26
⑤ 36

05 그림을 보고 ☐ 안에 알맞은 수를 써넣으세요.

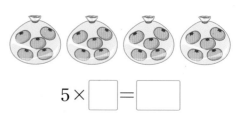

$$5 \times \boxed{} = \boxed{}$$

06 2단 곱셈구구의 값은 모두 몇 개인지 구해 보세요.

| 16 | 7 | 14 | 18 | 11 |

( )

07 막대 5개를 이어 붙인 전체 길이는 몇 cm인지 구해 보세요.

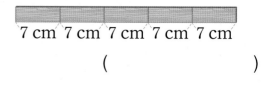

7 cm 7 cm 7 cm 7 cm 7 cm

( )

08 곱이 같은 것을 찾아 이어 보세요.

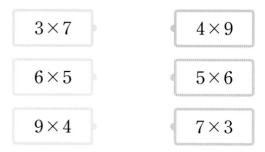

3×7		4×9
6×5		5×6
9×4		7×3

09 화살을 쏘아 1점을 3번 맞혔습니다. 점수는 모두 몇 점인지 구해 보세요.

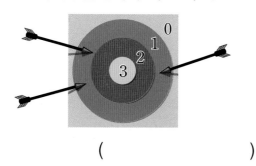

(   )

AI가 뽑은 정답률 낮은 **문제**

10 곱이 다른 하나를 찾아 기호를 써 보세요.

39쪽 유형4

| ㉠ 0×1 | ㉡ 1×1 | ㉢ 1×0 |

(   )

11 곱의 크기를 비교하여 ◯ 안에 $>$, $=$, $<$를 알맞게 써넣으세요.

$$8 \times 4 \bigcirc 6 \times 8$$

AI가 뽑은 정답률 낮은 **문제**

12 곱이 큰 것부터 차례대로 기호를 써 보세요.

39쪽 유형3

| ㉠ 5×5 | ㉡ 6×4 |
| ㉢ 7×2 | ㉣ 9×3 |

(   )

13 빈칸에 알맞은 수를 써넣으세요.

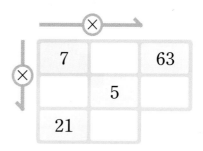

14 ㉠과 ㉡에 알맞은 수의 합은 얼마인지 풀이 과정을 쓰고 답을 구해 보세요.

$$6 \times 7 = ㉠ \qquad 7 \times 6 = ㉡$$

풀이 ▶

_____

_____

_____

답 ▶

_____

15 ☐ 안에 알맞은 수를 써넣으세요.

🔗 42쪽
유형10

$$5 \times \boxed{} = 35$$

16 곱셈구구를 이용하여 연결 모형의 수를 구해 보세요.

$5 \times \boxed{}$ 에서 $2 \times \boxed{}$ 을/를 빼면

연결 모형은 모두 $\boxed{}$ 개입니다.

17 2개씩 6묶음은 3개씩 몇 묶음과 같은지 구해 보세요.

(   )

18 세 수를 골라 곱셈식을 만들어 보세요.

10	24	6	2	4

$$\boxed{} \times \boxed{} = \boxed{}$$

19 어느 농장에 닭이 3마리, 양이 4마리 있습니다. 이 농장에 있는 닭과 양의 다리는 모두 몇 개인지 구해 보세요.

(   )

🖋 서술형

20 설명하는 수는 얼마인지 풀이 과정을 쓰고 답을 구해 보세요.

🔗 43쪽
유형12

- 4단 곱셈구구에서 나오는 수입니다.
- 8단 곱셈구구에서 나오는 수입니다.
- 30보다 큽니다.

풀이 ▶ _____

_____

_____

답 ▶ _____

01 한 상자에 구슬이 7개씩 있습니다. 구슬은 모두 몇 개인지 곱셈식으로 나타내어 보세요.

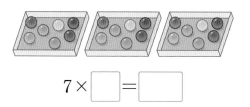

$$7 \times \boxed{} = \boxed{}$$

02 9단 곱셈구구의 값이 아닌 것은 어느 것인가요? ( )

① 27　　② 36　　③ 45
④ 55　　⑤ 63

03 빈칸에 알맞은 수를 써넣으세요.

×	1	3	5	7	9
6		18		42	

AI가 뽑은 정답률 낮은 문제

04 곱셈표에서 ★에 알맞은 수를 구해 보세요.

⌕ 40쪽
유형 6

×	1	2	3	4
1	1	2	3	4
2		4	6	8
3			9	12
4		★		16

( )

05~06 표에서 3단 곱셈구구의 값도 되고 6단 곱셈구구의 값도 되는 수는 모두 몇 개인지 구하려고 합니다. 물음에 답해 보세요.

1	2	3	4	5	6	7	8	9
10	11	12	13	14	15	16	17	18
19	20	21	22	23	24	25	26	27

AI가 뽑은 정답률 낮은 문제

05 위 표에 3단 곱셈구구의 값에는 ○표 하고, 6단 곱셈구구의 값에는 △표 해 보세요.

⌕ 41쪽
유형 7

AI가 뽑은 정답률 낮은 문제

06 위 표에서 3단 곱셈구구의 값도 되고 6단 곱셈구구의 값도 되는 수는 모두 몇 개인지 구해 보세요.

⌕ 41쪽
유형 7

( )

AI가 뽑은 정답률 낮은 문제

07 0×5와 곱이 같은 것의 기호를 써 보세요.

⌕ 39쪽
유형 4

㉠ 0×7	㉡ 5×1

( )

08 곱셈식을 수직선에 나타내고 □ 안에 알맞은 수를 써넣으세요.

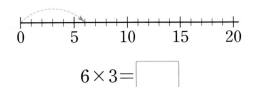

$$6 \times 3 = \boxed{}$$

09 □ 안에 알맞은 수를 써넣으세요.

- 지우개는 $4 \times \boxed{} = \boxed{}$ 이므로 모두 $\boxed{}$ 개입니다.
- 지우개는 $6 \times \boxed{} = \boxed{}$ 이므로 모두 $\boxed{}$ 개입니다.

10 크기를 비교하여 ○ 안에 >, =, <를 알맞게 써넣으세요.

$$8 \times 9 \bigcirc 70$$

11 곱이 다른 하나를 찾아 ○표 해 보세요.

| 6×6 | 4×9 | 7×9 |

(   ) (   ) (   )

12 □ 안에 +, −, × 중에서 알맞은 기호를 써넣으세요.

$$6 \boxed{} 5 = 30$$

AI가 **뽑은** 정답률 낮은 **문제**   ✏️서술형

13 4×5는 얼마인지 두 가지 방법으로 계산해 보세요.

🔗 38쪽 유형 2

방법1 ▶
_____

_____

방법2 ▶
_____

_____

14 ㉠과 ㉡의 차를 구해 보세요.

> ㉠ 1×6 ㉡ 1×9

(   )

AI가 **뽑은** 정답률 낮은 **문제**

15 1부터 9까지의 수 중에서 ▢ 안에 들어갈 수 있는 수를 모두 구해 보세요.

42쪽 유형 9

> $5 \times \square > 36$

(   )

AI가 **뽑은** 정답률 낮은 **문제**

16 ▢ 안에 알맞은 수를 써넣으세요.

42쪽 유형 10

> $7 \times \square = 56$

AI가 **뽑은** 정답률 낮은 **문제**

17 수 카드 3장을 한 번씩만 사용하여 ▢ 안에 알맞은 수를 써넣으세요.

43쪽 유형 11

> 2   4   8
>
> $3 \times \square = \square\square$

AI가 **뽑은** 정답률 낮은 **문제**

18 설명하는 수를 구해 보세요.

43쪽 유형 12

> • 9단 곱셈구구의 수입니다.
> • 짝수입니다.
> • 50보다 크고 60보다 작은 수입니다.

(   )

✏️서술형

19 ▢ 안에 알맞은 수가 가장 큰 것을 찾아 기호를 쓰려고 합니다. 풀이 과정을 쓰고 답을 구해 보세요.

> ㉠ $2 \times 4 = \square$
> ㉡ $3 \times \square = 18$
> ㉢ $\square \times 2 = 14$

풀이 ▶

_____

_____

_____

답 ▶

_____

20 연필을 진우는 3자루씩 3묶음, 동생은 2자루씩 3묶음을 가지고 있습니다. 진우와 동생이 가지고 있는 연필은 모두 몇 자루인지 구해 보세요.

(   )

2 단원

🔗 1회 2, 8번 | 🔗 2회 8번 | 🔗 3회 1번

유형 1 **곱셈식으로 나타내기**

수직선을 보고 곱셈식으로 나타내어 보세요.

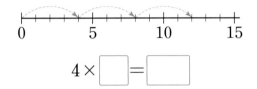

$4 \times \boxed{} = \boxed{}$

❶Tip 4씩 뛰었으므로 4단 곱셈구구를 생각해요.

1-1 수직선을 보고 곱셈식으로 나타내어 보세요.

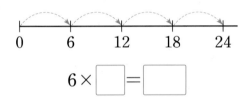

$6 \times \boxed{} = \boxed{}$

1-2 구슬은 모두 몇 개인지 곱셈식으로 나타내어 보세요.

◯◯◯◯◯◯◯◯◯◯

$5 \times \boxed{} = \boxed{}$

1-3 사과는 모두 몇 개인지 곱셈식으로 나타내어 보세요.

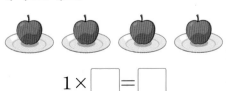

$1 \times \boxed{} = \boxed{}$

🔗 2회 1번 | 🔗 4회 13번

유형 2 **여러 가지 방법으로 계산하기**

2×3을 계산하는 방법입니다. $\boxed{}$ 안에 알맞은 수를 써넣으세요.

방법 ① 2×3은 2씩 $\boxed{}$ 번 더해서 계산합니다.

$2 \times 3 = \boxed{} + \boxed{} + \boxed{}$

$= \boxed{}$

방법 ② 2×3은 2×2에 $\boxed{}$ 을/를 더해서 계산합니다.

$2 \times 2 = 4$

$2 \times 3 = \boxed{} \overset{\frown}{} + \boxed{}$

❶Tip 2단 곱셈구구에서 곱하는 수가 1씩 커지면 곱은 2씩 커져요.

2-1 7×4를 계산하는 방법입니다. $\boxed{}$ 안에 알맞은 수를 써넣으세요.

방법 ① 7×4는 7씩 $\boxed{}$ 번 더해서 계산합니다.

7×4

$= \boxed{} + \boxed{} + \boxed{} + \boxed{}$

$= \boxed{}$

방법 ② 7×4는 7×3에 $\boxed{}$ 을/를 더해서 계산합니다.

$7 \times 3 = 21$

$7 \times 4 = \boxed{} \overset{\frown}{} + \boxed{}$

유형 3 곱의 크기 비교하기

곱의 크기를 비교하여 ○ 안에 >, =, <를 알맞게 써넣으세요.

$2 \times 7 \bigcirc 5 \times 3$

❶Tip 곱셈구구를 이용하여 곱을 각각 먼저 구해요.

3-1 곱의 크기를 비교하여 ○ 안에 >, =, <를 알맞게 써넣으세요.

$6 \times 6 \bigcirc 8 \times 4$

3-2 곱이 더 큰 것의 기호를 써 보세요.

ㄱ 1×3 ㄴ 9×0

(   )

3-3 곱이 작은 것부터 차례대로 기호를 써 보세요.

ㄱ 3×7 ㄴ 6×5 ㄷ 4×8

(   )

유형 4 0의 곱 이해하기

0×6과 곱이 같은 것의 기호를 써 보세요.

ㄱ 1×2 ㄴ 5×0

(   )

❶Tip $0 \times (어떤 수) = 0$, $(어떤 수) \times 0 = 0$이에요.

4-1 0×1과 곱이 같은 것을 모두 찾아 기호를 써 보세요.

ㄱ 1×0 ㄴ 1×1 ㄷ 0×9

(   )

4-2 곱이 다른 하나를 찾아 기호를 써 보세요.

ㄱ 3×0 ㄴ 0×8 ㄷ 1×6

(   )

4-3 케이크는 모두 몇 조각인지 곱셈식으로 나타내어 보세요.

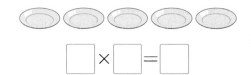

$\boxed{} \times \boxed{} = \boxed{}$

1회 5, 6번

유형 5 곱셈표 알기

곱셈표를 보고 □ 안에 알맞은 수를 써넣으세요.

×	0	1	2	3	4	5	6	7	8	9
0	0	0	0	0	0	0	0	0	0	0
1	0	1	2	3	4	5	6	7	8	9
2	0	2	4	6	8	10	12	14	16	18
3	0	3	6	9	12	15	18	21	24	27
4	0	4	8	12	16	20	24	28	32	36
5	0	5	10	15	20	25	30	35	40	45
6	0	6	12	18	24	30	36	42	48	54
7	0	7	14	21	28	35	42	49	56	63
8	0	8	16	24	32	40	48	56	64	72
9	0	9	18	27	36	45	54	63	72	81

2단 곱셈구구에서는 곱이 □ 씩 커집니다.

❶Tip ■단 곱셈구구에서는 곱이 ■씩 커져요.

5 -1 **유형5** 의 곱셈표를 보고 □ 안에 알맞은 수를 써넣으세요.

7단 곱셈구구에서는 곱이 □ 씩 커집니다.

5 -2 **유형5** 의 곱셈표에서 곱이 8씩 커지는 곱셈구구는 몇 단인지 구해 보세요.

(   )

2회 7번   4회 4번

유형 6 곱셈표 완성하기

빈칸에 알맞은 수를 써넣어 곱셈표를 완성해 보세요.

×	2	3	4	5
2	4	6	8	10
3	6		12	15
4	8	12		20
5	10	15	20	

❶Tip 세로줄과 가로줄의 수가 만나는 칸에 두 수의 곱을 써넣어요.

6 -1 빈칸에 알맞은 수를 써넣어 곱셈표를 완성해 보세요.

×	6	7	8
5	30		40
6			48
7	42	49	

6 -2 곱셈표에서 ★＋●의 값을 구해 보세요.

×	0	1	2	3
7	0	7	14	●
8	★	8	16	24

(   )

🔗 4회 5, 6번

유형 7 ★단 곱셈구구와 ●단 곱셈구구의 관계 이해하기

표에서 3단 곱셈구구의 값도 되고 6단 곱셈구구의 값도 되는 수를 모두 찾아 써 보세요.

1	2	3	4	5	6	7	8	9	10
11	12	13	14	15	16	17	18	19	20

( )

❶Tip 3단 곱셈구구의 값에는 ○표 하고, 6단 곱셈구구의 값에는 △표 해서 ○와 △가 모두 표시된 수를 찾아요.

7-1 표에서 4단 곱셈구구의 값도 되고 8단 곱셈구구의 값도 되는 수는 모두 몇 개인지 구해 보세요.

1	2	3	4	5	6	7	8	9	10
11	12	13	14	15	16	17	18	19	20
21	22	23	24	25	26	27	28	29	30

( )

7-2 그림을 보고 ㉠과 ㉡을 각각 곱셈식으로 나타내어 보세요.

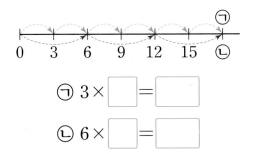

㉠ 3 × ☐ = ☐

㉡ 6 × ☐ = ☐

🔗 1회 14번 🔗 2회 16번

유형 8 곱셈구구를 이용하여 문제 해결하기

소율이는 매일 사과를 1개씩 먹습니다. 소율이가 5일 동안 먹은 사과는 모두 몇 개인지 구해 보세요.

( )

❶Tip (5일 동안 먹은 사과의 수) ＝(하루에 먹은 사과의 수)×(먹은 날수)

8-1 연필 한 자루의 길이는 8 cm입니다. 연필 3자루의 길이는 모두 몇 cm인지 구해 보세요.

8 cm

( )

8-2 사탕이 한 상자에 5개씩 들어 있습니다. 6상자에 들어 있는 사탕은 모두 몇 개인지 구해 보세요.

( )

8-3 사린이의 나이는 9세입니다. 사린이 할아버지의 연세는 사린이 나이의 9배입니다. 사린이 할아버지의 연세는 몇 세인지 구해 보세요.

( )

유형 9   >, <가 있는 식에서 ☐ 안에 알맞은 수 구하기

🔗 1회 12번   🔗 2회 15번   🔗 4회 15번

5, 6, 7 중에서 ☐ 안에 들어갈 수 있는 수를 모두 구해 보세요.

$$4 \times \square > 21$$

(   )

❶Tip ☐ 안에 5, 6, 7을 각각 넣어 계산해요.

9-1 1부터 9까지의 수 중에서 ☐ 안에 들어갈 수 있는 수를 모두 구해 보세요.

$$9 \times \square < 45$$

(   )

9-2 1부터 9까지의 수 중에서 ☐ 안에 들어갈 수 있는 가장 큰 수를 구해 보세요.

$$7 \times \square < 42$$

(   )

9-3 1부터 9까지의 수 중에서 ☐ 안에 들어갈 수 있는 수는 모두 몇 개인지 구해 보세요.

$$3 \times \square > 22$$

(   )

유형 10   =가 있는 식에서 ☐ 안에 알맞은 수 구하기

🔗 3회 15번   🔗 4회 16번

☐ 안에 알맞은 수를 구해 보세요.

$$3 \times \square = 15$$

(   )

❶Tip 3단 곱셈구구에서 곱셈구구의 값이 15일 때를 생각해요.

10-1 ☐ 안에 알맞은 수를 구해 보세요.

$$\square \times 6 = 24$$

(   )

10-2 ☐ 안에 알맞은 수를 써넣으세요.

$$9 \times 4 = 4 \times \square$$

10-3 5단 곱셈구구에서 곱이 25인 곱셈구구를 찾아 ☐ 안에 알맞은 수를 써넣으세요.

$$\square \times \square = 25$$

⊘ 2회 19번 ⊘ 4회 17번

유형 11 수 카드를 사용하여 곱셈식 만들기

보기와 같이 수 카드 3장을 한 번씩만 사용하여 □ 안에 알맞은 수를 써넣으세요.

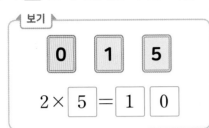

보기

| 0 | 1 | 5 |

$2 \times \boxed{5} = \boxed{1}\boxed{0}$

| 1 | 2 | 3 |

$4 \times \boxed{} = \boxed{}\boxed{}$

❶Tip 수 카드 중 한 장을 골라 4와 곱한 값이 나머지 수 카드로 만들 수 있는 경우를 찾아요.

11 -1 수 카드 3장을 한 번씩만 사용하여 □ 안에 알맞은 수를 써넣으세요.

| 1 | 2 | 6 |

$8 \times \boxed{} = \boxed{}\boxed{}$

11 -2 수 카드 3장을 한 번씩만 사용하여 □ 안에 알맞은 수를 써넣으세요.

| 3 | 6 | 7 |

$9 \times \boxed{} = \boxed{}\boxed{}$

⊘ 3회 20번 ⊘ 4회 18번

유형 12 설명하는 수 구하기

설명하는 수를 구해 보세요.

- 3단 곱셈구구의 수입니다.
- 짝수입니다.
- 12보다 작습니다.

(   )

❶Tip 3단 곱셈구구의 수를 모두 찾은 뒤 그 중에서 나머지 조건을 만족하는 수를 찾아요.

12 -1 설명하는 수를 구해 보세요.

- 5단 곱셈구구의 수입니다.
- 홀수입니다.
- 십의 자리 숫자는 30을 나타냅니다.

(   )

12 -2 설명하는 수를 구해 보세요.

- 7단 곱셈구구의 수입니다.
- 40보다 큰 수입니다.
- 6단 곱셈구구에도 있는 수입니다.

(   )

3

길이 재기

길이 재기

개념 **1** cm보다 더 큰 단위

◆**1 m**

100 cm는 **1 m**와 같습니다.

1 m는 **1미터**라고 읽습니다.

$$100 \text{ cm} = 1 \text{ m}$$

◆**1 m가 넘는 길이**

130 cm는 1 m보다 30 cm 더 깁니다.

130 cm를 **1 m 30 cm**라고도 씁니다.

1 m 30 cm를 1 ☐ **30센티미터**라고
읽습니다.

$$130 \text{ cm} = 1 \text{ m } 30 \text{ cm}$$

개념 **2** 자로 길이 재기

◆**줄자로 길이 재는 방법**

① 책상의 한끝을 줄자의 눈금 0에 맞춥니다.

② 책상의 다른 쪽 끝에 있는 줄자의 눈금
이 140이므로 책상의 길이는 '140 cm'
또는 '1 m ☐ cm'입니다.

개념 **3** 길이의 합

m는 m끼리, cm는 cm끼리 더합니다.

$$1 \text{ m } 40 \text{ cm} + 1 \text{ m } 50 \text{ cm} = 2 \text{ m } 90 \text{ cm}$$

	1 m	40 cm
+	1 m	50 cm
		90 cm

➡

	1 m	40 cm
+	1 m	50 cm
	☐ m	90 cm

개념 **4** 길이의 차

m는 m끼리, cm는 cm끼리 뺍니다.

$$2 \text{ m } 80 \text{ cm} - 1 \text{ m } 50 \text{ cm} = 1 \text{ m } 30 \text{ cm}$$

	2 m	80 cm
−	1 m	50 cm
		30 cm

➡

	2 m	80 cm
−	1 m	50 cm
	☐ m	30 cm

개념 **5** 길이 어림하기

◆**1 m 어림하기**

내 몸의 부분으로 1 m를 어림할 수 있습
니다.

◆**수납장의 길이 어림하기**

약 1 m의 2배이기 때문
에 수납장의 길이는 약
☐ m입니다.

정답 ❶미터 ❷40 ❸2 ❹1 ❺2

01 길이를 바르게 쓴 것의 기호를 써 보세요.

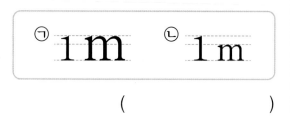

( )

02 같은 길이끼리 이어 보세요.

200 cm	5 m
500 cm	2 m
800 cm	8 m

03 운동장의 짧은 쪽의 길이를 재는 데 알맞은 자에 ○표 해 보세요.

( ) ( )

🤖 AI가 뽑은 정답률 낮은 문제
04 ☐ 안에 알맞은 수를 써넣으세요.

🔗 58쪽 유형2

• 452 cm = ☐ m ☐ cm

• 1 m 3 cm = ☐ cm

05 화살표가 가리키는 자의 눈금을 써 보세요.

☐ m ☐ cm

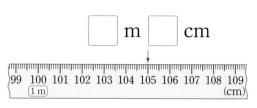

06~07 ☐ 안에 알맞은 수를 써넣으세요.

06
```
    4  m   56  cm
  + 1  m   14  cm
  ───────────────
    ☐  m   ☐   cm
```

07
```
    6  m   53  cm
  - 5  m   12  cm
  ───────────────
    ☐  m   ☐   cm
```

08 주어진 2 m로 끈의 길이를 어림했습니다. 끈의 길이는 약 몇 m인지 어림해 보세요.

├────┤ 2 m

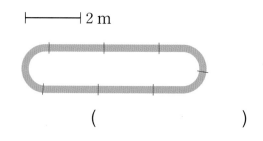

( )

🤖 AI가 뽑은 정답률 낮은 문제
09 길이의 차를 구해 보세요.

🔗 60쪽 유형6

6 m 95 cm − 523 cm

= ☐ m ☐ cm

10 신우와 유진이 중에서 우산의 길이를 바르게 잰 사람은 누구인지 이름을 써 보세요.

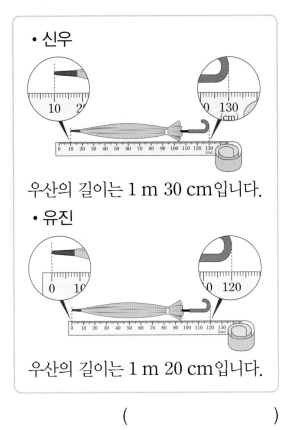

• 신우

우산의 길이는 1 m 30 cm입니다.

• 유진

우산의 길이는 1 m 20 cm입니다.

(   )

11 ⏣ 59쪽 유형3

11 학생들이 운동장에 줄을 섰습니다. 가장 앞에 있는 학생과 가장 뒤에 있는 학생의 거리는 약 몇 m인지 어림해 보세요.

앞사람과의 간격이 1 m씩 되게 줄을 서세요.

(   )

12 cm와 m 중 알맞은 단위를 써넣으세요.

⏣ 58쪽 유형1

• 지우개의 길이는 약 5 ☐ 입니다.

• 교실 긴 쪽의 길이는 약 15 ☐ 입니다.

13 길이가 10 m보다 긴 것을 모두 찾아 기호를 써 보세요.

㉠ 메뚜기의 몸길이
㉡ 아빠의 키
㉢ 기차의 길이
㉣ 10층짜리 건물의 높이

(   )

14 길이가 긴 것부터 차례대로 기호를 써 보세요.

㉠ 3 m 67 cm
㉡ 376 cm
㉢ 3 m 7 cm

(   )

15 수 카드 3장을 한 번씩만 사용하여 가장 긴 길이를 만들어 보세요.

| 4 | 6 | 3 |

☐ m ☐ ☐ cm

16 곰 인형의 키가 50 cm일 때 책꽂이의 높이는 약 몇 m 몇 cm인지 구해 보세요.

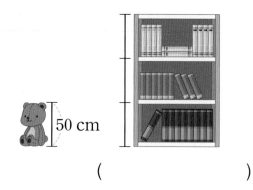

(   )

17 ☐ 안에 들어갈 수 있는 가장 작은 수를 구해 보세요.

4 m 92 cm＋370 cm＜☐ m

(   )

AI가 뽑은 정답률 낮은 문제

18 ☐ 안에 알맞은 수를 써넣으세요.

🔗 61쪽
유형 7

```
      5  m  ☐   cm
  +   ☐  m   37  cm
  ───────────────────
      9  m   91  cm
```

서술형

19 길이가 더 긴 것은 어느 것인지 기호를 쓰려고 합니다. 풀이 과정을 쓰고 답을 구해 보세요.

ㄱ 4 m 35 cm＋2 m 43 cm
ㄴ 3 m 25 cm＋3 m 30 cm

풀이 ▶

_____

_____

_____

답 ▶

_____

서술형

20 현영이가 높이가 15 cm인 의자 위에 올라가서 바닥에서부터 머리끝까지의 길이를 재었더니 1 m 43 cm였습니다. 이번에는 책상 위에 올라가서 같은 방법으로 길이를 재었더니 1 m 96 cm였습니다. 책상의 높이는 몇 cm인지 풀이 과정을 쓰고 답을 구해 보세요.

풀이 ▶

_____

_____

_____

답 ▶

_____

점수

🔗 58~63쪽에서 같은 유형의 문제를 더 풀 수 있어요.

3단원

01 ☐ 안에 알맞은 수를 써넣으세요.

1 m는 ☐ cm와 같습니다.

02 다음 길이는 몇 m 몇 cm인지 쓰고 읽어 보세요.

2 m보다 10 cm 더 긴 길이

쓰기 ( )

읽기 ( )

03 나무 막대의 길이를 두 가지 방법으로 나타내어 보세요.

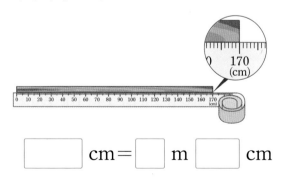

☐ cm = ☐ m ☐ cm

04~05 그림을 보고 ☐ 안에 알맞은 수를 써넣으세요.

04

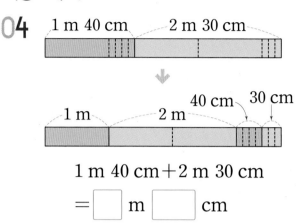

1 m 40 cm + 2 m 30 cm

= ☐ m ☐ cm

05

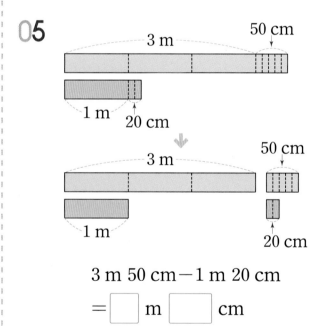

3 m 50 cm − 1 m 20 cm

= ☐ m ☐ cm

06 1 m보다 긴 것에 ○표 해 보세요.

수학 교과서 긴 쪽의 길이 ( )

교실 문의 높이 ( )

49

07 빈칸에 길이의 차를 써넣으세요.

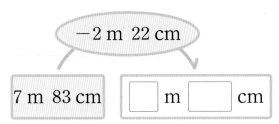

－2 m 22 cm

7 m 83 cm   [ ] m [ ] cm

08 길이의 합을 구해 보세요.

🔗 60쪽
유형 5

420 cm＋3 m 92 cm

＝ [ ] m [ ] cm

✏️서술형

09 줄넘기의 길이를 재었습니다. 길이를 잘못 잰 이유를 써 보세요.

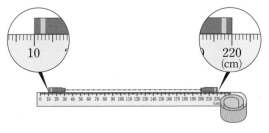

줄넘기의 길이가 220 cm야.

이유▶

_____

_____

_____

10 한 줄로 놓인 물건들의 길이를 자로 재었습니다. 전체 길이는 몇 m 몇 cm인지 구해 보세요.

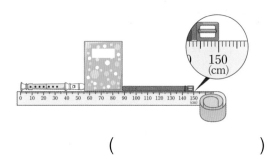

(   )

11 길이가 가장 긴 것은 어느 것인가요?

(   )

① 584 cm   ② 5 m 9 cm
③ 601 cm   ④ 6 m
⑤ 599 cm

12 색 테이프의 길이는 몇 m 몇 cm인지 구해 보세요.

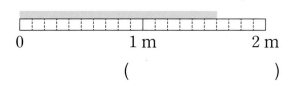

0   1 m   2 m

(   )

13 영우의 키는 1 m 14 cm, 민아의 키는 120 cm, 준기의 키는 1 m 19 cm입니다. 키가 큰 사람부터 차례대로 이름을 써 보세요.

(   )

14 골목의 한끝에서 다른 쪽 끝까지의 길이는 다연이의 걸음으로 약 10걸음입니다. 다연이의 한 걸음이 50 cm라면 골목의 길이는 약 몇 m인지 구해 보세요.

( )

15 ☐ 안에 들어갈 수 있는 가장 큰 수를 구해 보세요.

351 cm + 5 m 59 cm > ☐ m

( )

16 길이가 1 cm인 색 테이프를 겹치는 부분 없이 한 줄로 200도막을 이었습니다. 이은 색 테이프의 전체 길이는 몇 m인지 구해 보세요.

( )

17 길이가 4 m 90 cm인 끈 중에서 선물을 포장하는 데 2 m 20 cm를 사용했습니다. 남은 끈의 길이는 몇 m 몇 cm인지 구해 보세요.

( )

18 윤재네 집 바닥부터 천장까지의 높이는 길이가 1 m 40 cm인 우산으로 2번 잰 길이와 같습니다. 윤재네 집 바닥부터 천장까지의 높이는 몇 m 몇 cm인지 구해 보세요.

( )

3 단원

AI가 뽑은 정답률 낮은 문제

19 민우와 서영이가 교실 문 긴 쪽의 길이를 어림한 것입니다. 실제 교실 문 긴 쪽의 길이가 2 m 50 cm라면 실제 길이에 더 가깝게 어림한 사람은 누구인지 이름을 써 보세요.

🔗 62쪽
유형 9

민우	약 2 m 30 cm
서영	약 2 m 65 cm

( )

AI가 뽑은 정답률 낮은 문제 　　🖊서술형

20 색 테이프 2장을 그림과 같이 겹쳐서 이어 붙였습니다. 이어 붙인 색 테이프의 전체 길이는 몇 m 몇 cm인지 풀이 과정을 쓰고 답을 구해 보세요.

🔗 63쪽
유형 12

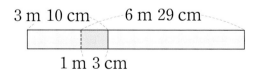

3 m 10 cm　　　6 m 29 cm

1 m 3 cm

풀이 ▶

답 ▶

51

01 길이를 읽어 보세요.

> 4 m 25 cm

( )

02 □ 안에 알맞은 수를 써넣으세요.

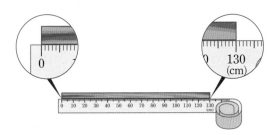

막대의 길이는 □ m □ cm입니다.

AI가 뽑은 정답률 낮은 **문제**

03 □ 안에 알맞은 수를 써넣으세요.

🔗 58쪽
유형 2

- 538 cm = □ m □ cm
- 1 m 2 cm = □ cm

04 몸에서 약 1 m인 부분을 바르게 찾은 사람은 누구인지 이름을 써 보세요.

준수　　　경진　　　영혜

( )

05~06 □ 안에 알맞은 수를 써넣으세요.

05
```
    5  m    22  cm
+   4  m    67  cm
───────────────────
    □  m    □  cm
```

06
```
    4  m    87  cm
−   3  m    41  cm
───────────────────
    □  m    □  cm
```

AI가 뽑은 정답률 낮은 **문제**

07 윤서 동생의 키가 1 m일 때 농구 선수의 키는 약 몇 m인지 구해 보세요.

🔗 59쪽
유형 3

윤서 동생　　　농구 선수

( )

08 길이를 잘못 나타낸 것을 찾아 기호를 써 보세요.

⊘ 58쪽
유형 2

> ㉠ 3 m 19 cm=319 cm
> ㉡ 8 m 9 cm=89 cm
> ㉢ 703 cm=7 m 3 cm

( )

09 재윤, 현호, 도경이가 가지고 있는 막대의 길이입니다. 가장 긴 막대를 가지고 있는 사람은 누구인지 이름을 써 보세요.

재윤	현호	도경
144 cm	1 m 6 cm	139 cm

( )

10 계산이 잘못된 곳을 찾아 바르게 계산해 보세요.

$$\begin{array}{r} 4\ m\ \ 22\ cm \\ +\qquad 3\ m \\ \hline 4\ m\ \ 25\ cm \end{array}$$

11 0부터 9까지의 수 중에서 ☐ 안에 들어 갈 수 있는 수는 모두 몇 개인지 구해 보세요.

> 5 m 72 cm > 5 ☐ 6 cm

( )

12 한 줄로 놓인 물건들의 길이를 자로 재었습니다. 전체 길이를 두 가지 방법으로 나타내어 보세요.

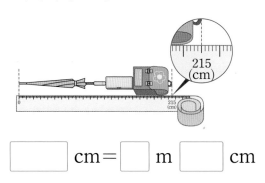

215
(cm)

☐ cm = ☐ m ☐ cm

13 노란색 막대의 길이는 5 m 14 cm이고, 분홍색 막대의 길이는 1 m 32 cm입니다. 두 막대의 길이의 합은 몇 m 몇 cm 인지 구해 보세요.

( )

14 삼촌과 연준이가 멀리뛰기를 하였습니다. 삼촌은 3 m 11 cm를 뛰었고, 연준이는 1 m 2 cm를 뛰었습니다. 누가 몇 m 몇 cm 더 멀리 뛰었는지 차례대로 써 보세요.

(,)

15 가장 긴 길이와 가장 짧은 길이의 합은
⊘ 62쪽
유형 10 몇 m 몇 cm인지 구해 보세요.

> • 3 m 9 cm
> • 5 m 60 cm
> • 4 m 53 cm

( )

3
단원

16 더 긴 길이를 어림한 사람은 누구인지 이름을 써 보세요.

> • 여진: 내 두 걸음이 약 1 m인데 시소의 길이가 내 8걸음과 같았어.
> • 우빈: 내 7뼘이 약 1 m인데 소파의 길이가 21뼘과 같았어.

(   )

 AI가 **뽑은** 정답률 낮은 **문제**

17 ☐ 안에 알맞은 수를 써넣으세요.

🔗 **61쪽**
유형 **7**

$$\begin{array}{r} 9 \text{ m } \boxed{} \text{ cm} \\ - \boxed{} \text{ m } \quad 27 \text{ cm} \\ \hline 5 \text{ m } \quad 4 \text{ cm} \end{array}$$

18 수 카드 3장을 한 번씩만 사용하여 설명에 알맞은 길이를 만들어 보세요.

> [1]   [2]   [4]

> 5 m 23 cm와 1 m 9 cm의 차보다 긴 길이

☐ m ☐☐ cm

 AI가 **뽑은** 정답률 낮은 **문제** ✏️서술형

19 삼각형에서 가장 긴 변과 가장 짧은 변의 길이의 차는 몇 m 몇 cm인지 풀이 과정을 쓰고 답을 구해 보세요.

🔗 **61쪽**
유형 **8**

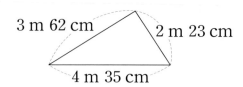

풀이▶

_____

_____

_____

답▶ _____

✏️서술형

20 집에서 학교까지 가는 길은 두 가지입니다. ㉮ 길과 ㉯ 길 중 어느 길로 가는 것이 더 가까운지 풀이 과정을 쓰고 답을 구해 보세요.

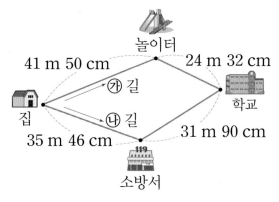

풀이▶

_____

_____

_____

답▶ _____

01 ☐ 안에 알맞은 수를 써넣으세요.

$$300 \text{ cm} = \boxed{} \text{ m}$$

02 화살표가 가리키는 자의 눈금을 써 보세요.

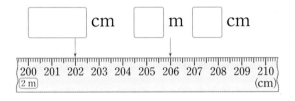

03~04 알맞은 길이를 골라 문장을 완성해 보세요.

15 cm	15 m
8 m	180 cm

03 연필의 길이는 약 ☐ 입니다.

04 우리 아빠의 키는 약 ☐ 입니다.

05 길이가 5 m보다 긴 것을 모두 고르세요. (   )
① 내 실내화의 길이
② 방문 긴 쪽의 길이
③ 비행기의 날개 길이
④ 아파트 20층의 높이
⑤ 내 지우개의 길이

06 빈칸에 길이의 차를 써넣으세요.

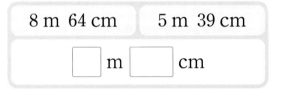

AI가 뽑은 정답률 낮은 문제

07 교실 긴 쪽의 길이를 재려고 합니다. 많은 횟수로 재어야 하는 것부터 차례대로 기호를 써 보세요.

📎 59쪽
유형4

(   )

08 길이가 더 긴 끈의 기호를 쓰고, 몇 m 몇 cm인지 써 보세요.

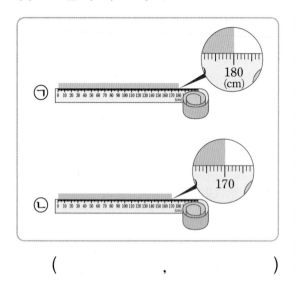

(,   )

09~10 □ 안에 알맞은 수를 써넣으세요.

AI가 **뽑은** 정답률 낮은 **문제**

09   2 m 21 cm   645 cm

60쪽
유형 5

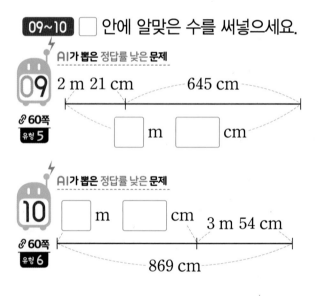

AI가 **뽑은** 정답률 낮은 **문제**

10

60쪽
유형 6

11 □ 안에 알맞은 수를 써넣으세요.

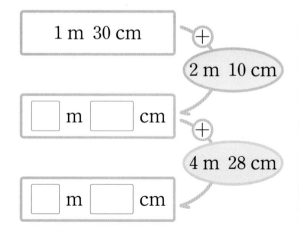

12 0부터 9까지의 수 중에서 □ 안에 들어갈 수 있는 수를 모두 구해 보세요.

4 m 34 cm > 4 □ 5 cm

(   )

13 터널의 높이가 4 m 30 cm입니다. 트럭의 높이가 다음과 같을 때, 터널을 지나갈 수 없는 트럭을 모두 찾아 기호를 써 보세요.

㉠ 4 m   ㉡ 3 m 99 cm
㉢ 4 m 31 cm   ㉣ 5 m

(   )

14 교실 긴 쪽의 길이를 각자의 걸음으로 재었습니다. 한 걸음의 길이가 가장 긴 사람은 누구인지 이름을 써 보세요.

(   )

15 연지는 색 테이프 3 m 42 cm를 가지고 있었는데 수호에게 1 m 25 cm를 주었습니다. 연지에게 남아 있는 색 테이프는 몇 m 몇 cm인지 구해 보세요.

(   )

16 도로의 한쪽에 가로등이 처음부터 끝까지 6 m 40 cm 간격으로 4개 세워져 있습니다. 도로의 길이는 몇 m 몇 cm인지 구해 보세요. (단, 가로등의 두께는 생각하지 않습니다.)

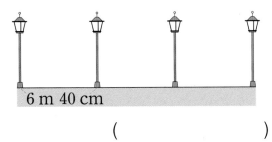

6 m 40 cm

(   )

✏️서술형

17 요원이네 집에서 경찰서까지의 거리는 97 m 30 cm이고, 집에서 소방서까지의 거리는 72 m 14 cm입니다. 경찰서와 소방서 중 요원이네 집에서 더 가까운 곳은 어디이고, 몇 m 몇 cm 더 가까운지 풀이 과정을 쓰고 답을 차례대로 써 보세요.

풀이 ▶ _____

_____

_____

답 ▶ _____ , _____

✏️서술형

18 호근이의 키는 1 m 25 cm이고, 아버지의 키는 호근이의 키보다 49 cm 더 큽니다. 호근이와 아버지의 키의 합은 몇 m 몇 cm인지 풀이 과정을 쓰고 답을 구해 보세요.

풀이 ▶ _____

_____

_____

답 ▶ _____

⚡ AI가 뽑은 정답률 낮은 문제

19 수 카드 **5**, **6**, **9**를

🔗63쪽
유형11

☐ m ☐☐ cm에 한 번씩만 사용하여 가장 긴 길이를 만들고, 그 길이와 4 m 21 cm의 차를 구해 보세요.

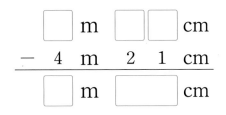

20 길이가 3 m 20 cm인 철사를 다음과 같이 세 도막으로 잘랐습니다. 세 도막 중에서 가장 짧은 것의 길이는 몇 cm인지 구해 보세요.

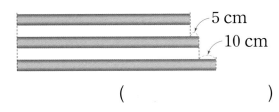

5 cm

10 cm

(   )

🔗 1회 12번

유형 1 **알맞은 단위로 나타내기**

cm와 m 중 알맞은 단위를 써넣으세요.

> 축구 골대 긴 쪽의 길이는
> 약 5 ☐ 입니다.

❶Tip 축구 골대 긴 쪽의 길이는 약 5 cm인지, 약 5 m인지 생각해요.

1 -1 cm와 m 중 알맞은 단위를 써넣으세요.

> • 줄넘기의 길이는 약 140 ☐ 입니다.
> • 어른의 양팔을 벌린 길이는 약 2 ☐ 입니다.
> • 버스의 길이는 약 10 ☐ 입니다.

1 -2 m를 써서 나타내기에 알맞은 것을 찾아 기호를 써 보세요.

> ㉠ 손가락의 길이
> ㉡ 복도 긴 쪽의 길이
> ㉢ 애벌레의 몸길이
> ㉣ 봉숭아 줄기 길이

( )

🔗 1회 4번 🔗 3회 3, 8번

유형 2 **몇 m 몇 cm 알아보기**

다음 길이는 몇 cm인지 써 보세요.

> 1 m 86 cm

( )

❶Tip 1 m=100 cm임을 이용해요.

2 -1 관계있는 것끼리 이어 보세요.

5 m 3 cm	500 cm
5 m	503 cm
5 m 30 cm	530 cm

2 -2 ☐ 안에 알맞은 수를 써넣으세요.

> • 104 cm=☐ m ☐ cm
> • 2 m 89 cm=☐ cm

2 -3 길이를 바르게 나타낸 것을 찾아 기호를 써 보세요.

> ㉠ 236 cm=23 m 6 cm
> ㉡ 4 m 2 cm=420 cm
> ㉢ 507 cm=5 m 7 cm

( )

유형 3   1m를 이용하여 길이 어림하기

 1회 11번   3회 7번

동생의 키가 1 m일 때, 나무의 높이는 약 몇 m인지 구해 보세요.

1 m   동생

(   )

❶Tip 1 m의 몇 배 정도인지 생각해요.

3 -1 다예의 양팔을 벌린 길이는 100 cm 입니다. 칠판 긴 쪽의 길이는 약 몇 m인지 구해 보세요.

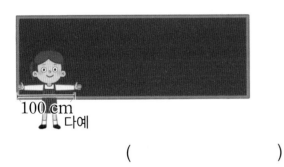

100 cm

다예

(   )

3 -2 요한이의 두 걸음이 1 m라면 화단 의 길이는 약 몇 m인지 구해 보세요.

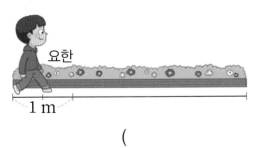

요한

1 m

(   )

유형 4   길이 재는 횟수 구하기

4회 7번

거실 긴 쪽의 길이를 재려고 합니다. 가 장 적은 횟수로 잴 수 있는 것을 찾아 기 호를 써 보세요.

ㄱ   ㄴ   ㄷ

(   )

❶Tip 몸의 일부의 길이가 짧을수록 여러 번 재어야 해요.

4 -1 3 m의 길이를 재려고 합니다. 가장 많은 횟수로 재어야 하는 것을 찾아 기호를 써 보세요.

ㄱ 양팔을 벌린 길이
ㄴ 한 뼘의 길이
ㄷ 한 걸음의 길이

(   )

4 -2 버스의 길이를 재려고 합니다. 많은 횟수로 재어야 하는 것부터 차례대로 기호 를 써 보세요.

ㄱ   ㄴ   ㄷ

(   )

3 단원

⊘ 2회 8번 ⊘ 4회 9번

유형 5 단위가 다른 길이의 합

두 길이의 합은 몇 m 몇 cm인지 구해 보세요.

| 2 m 35 cm | 324 cm |

( )

❶Tip 길이의 단위가 다를 때에는 같은 단위로 바꾼 후에 더해요.

5-1 길이의 합을 구해 보세요.

$$525 \text{ cm} + 4 \text{ m } 71 \text{ cm}$$
$$= \boxed{} \text{ m } \boxed{} \text{ cm}$$

5-2 빈칸에 두 길이의 합을 써넣으세요.

| 2 m 72 cm | 531 cm |

$\boxed{}$ m $\boxed{}$ cm

5-3 빈칸에 길이의 합을 써넣으세요.

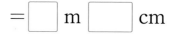
+423 cm

4 m 85 cm → $\boxed{}$ m $\boxed{}$ cm

⊘ 1회 9번 ⊘ 4회 10번

유형 6 단위가 다른 길이의 차

두 길이의 차는 몇 m 몇 cm인지 구해 보세요.

| 4 m 47 cm | 892 cm |

( )

❶Tip 길이의 단위가 다를 때에는 같은 단위로 바꾼 후에 빼요.

6-1 길이의 차를 구해 보세요.

$$347 \text{ cm} - 2 \text{ m } 21 \text{ cm}$$
$$= \boxed{} \text{ m } \boxed{} \text{ cm}$$

6-2 빈칸에 두 길이의 차를 써넣으세요.

| 526 cm | 3 m 12 cm |

$\boxed{}$ m $\boxed{}$ cm

6-3 빈칸에 길이의 차를 써넣으세요.

−243 cm

7 m 65 cm → $\boxed{}$ m $\boxed{}$ cm

유형 7 □ 안에 알맞은 수 구하기

🔗 1회 18번 🔗 3회 17번

□ 안에 알맞은 수를 써넣으세요.

$$
\begin{array}{r}
3 \text{ m } \boxed{} \text{ cm} \\
+ \boxed{} \text{ m } \quad 40 \text{ cm} \\
\hline
9 \text{ m } \quad 56 \text{ cm}
\end{array}
$$

❶Tip
$$
\begin{array}{r}
3 \text{ m } ⊙ \text{ cm} \\
+ ⓛ \text{ m } 40 \text{ cm} \\
\hline
9 \text{ m } 56 \text{ cm}
\end{array}
$$
로 놓고 ⊙+40=56, 3+ⓛ=9에서 ⊙, ⓛ 의 값을 구해요.

7 -1 □ 안에 알맞은 수를 써넣으세요.

$$
\begin{array}{r}
6 \text{ m } \boxed{} \text{ cm} \\
- \boxed{} \text{ m } \quad 55 \text{ cm} \\
\hline
2 \text{ m } \quad 19 \text{ cm}
\end{array}
$$

7 -2 □ 안에 알맞은 수를 써넣으세요.

1 m $\boxed{}$ cm+$\boxed{}$ m 12 cm
=5 m 27 cm

7 -3 □ 안에 알맞은 수를 써넣으세요.

$\boxed{}$ m 13 cm−4 m $\boxed{}$ cm
=4 m 12 cm

유형 8 도형에서의 길이의 차

🔗 3회 19번

삼각형에서 가장 긴 변의 길이는 가장 짧은 변의 길이보다 몇 m 몇 cm 더 긴지 구해 보세요.

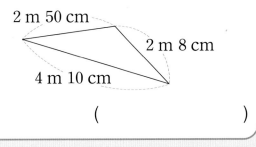

(   )

❶Tip 가장 긴 변과 가장 짧은 변을 먼저 찾아요.

8 -1 삼각형의 가장 긴 변의 길이는 가장 짧은 변의 길이보다 몇 m 몇 cm 더 긴지 구해 보세요.

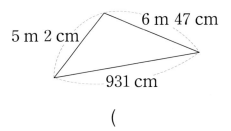

(   )

8 -2 사각형의 가장 긴 변의 길이는 가장 짧은 변의 길이보다 몇 m 몇 cm 더 긴지 구해 보세요.

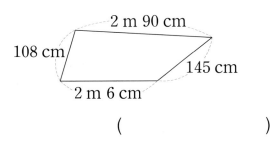

(   )

2회 19번

유형 9 **더 가깝게 어림한 사람 찾기**

태희와 도람이가 나무의 키를 어림한 것입니다. 실제 나무의 키가 2 m 70 cm라면 실제 키에 더 가깝게 어림한 사람은 누구인지 이름을 써 보세요.

태희	약 2 m 55 cm
도람	약 2 m 80 cm

( )

❶**Tip** 실제 길이와 어림한 길이의 차가 작을수록 실제 길이에 더 가까워요.

9-1 예령이와 우리가 줄넘기의 길이를 어림한 것입니다. 실제 줄넘기의 길이가 130 cm라면 실제 길이에 더 가깝게 어림한 사람은 누구인지 이름을 써 보세요.

예령	약 1 m 40 cm
우리	약 1 m 15 cm

( )

9-2 긴 쪽의 길이가 2 m 15 cm인 침대를 보고 친구들이 어림한 것입니다. 실제 길이에 가장 가깝게 어림한 사람은 누구인지 이름을 써 보세요.

- 준형: 2 m쯤 되는 것 같아.
- 민준: 2 m 20 cm 정도 되는 것 같아.
- 지희: 약 2 m 5 cm야.

( )

3회 15번

유형 10 **가장 긴 길이와 가장 짧은 길이의 합 구하기**

가장 긴 길이와 가장 짧은 길이의 합은 몇 m 몇 cm인지 구해 보세요.

- 5 m 8 cm
- 7 m 63 cm
- 6 m 19 cm

( )

❶**Tip** 가장 긴 길이와 가장 짧은 길이를 먼저 찾아요.

10-1 가장 긴 길이와 가장 짧은 길이의 합은 몇 m 몇 cm인지 구해 보세요.

- 386 cm
- 3 m 12 cm
- 345 cm

( )

10-2 가장 긴 길이와 가장 짧은 길이의 합은 어느 것인가요? ( )

- 2 m 84 cm
- 255 cm
- 3 m 19 cm

① 539 cm ② 5 m 9 cm
③ 5 m 74 cm ④ 6 m 3 cm
⑤ 601 cm

3 단원

🔗 4회 19번

유형 11 수 카드로 만든 길이의 차 구하기

수 카드 6 , 3 , 8 을

☐ m ☐ ☐ cm에 한 번씩 사용하여
가장 긴 길이를 만들고, 그 길이와 3 m
3 cm의 차를 구해 보세요.

$$
\begin{array}{r}
\boxed{}\ \text{m}\quad \boxed{}\boxed{}\ \text{cm} \\
-\quad 3\ \text{m}\qquad 3\ \text{cm} \\
\hline
\boxed{}\ \text{m}\quad \boxed{}\ \text{cm}
\end{array}
$$

❶Tip m 단위의 수가 클수록 길이가 길므로
가장 큰 수로 m 단위의 수를 먼저 만들어요.

11-1 수 카드 7 , 1 , 2 를

☐ m ☐ ☐ cm에 한 번씩 사용하여 가장
긴 길이를 만들고, 그 길이와 2 m 11 cm의
차를 구해 보세요.

$$
\begin{array}{r}
\boxed{}\ \text{m}\quad \boxed{}\boxed{}\ \text{cm} \\
-\quad 2\ \text{m}\qquad 1\ 1\ \text{cm} \\
\hline
\boxed{}\ \text{m}\quad \boxed{}\ \text{cm}
\end{array}
$$

11-2 수 카드 1 , 3 , 5 를

☐ m ☐ ☐ cm에 한 번씩 사용하여 가장
짧은 길이를 만들고, 그 길이와 8 m 57 cm
의 차를 구해 보세요.

8 m 57 cm − ☐ m ☐ ☐ cm

= ☐ m ☐ cm

🔗 2회 20번

유형 12 이어 붙인 색 테이프의 길이

색 테이프 2장을 그림과 같이 겹쳐서 이
어 붙였습니다. 이어 붙인 색 테이프의
전체 길이는 몇 m 몇 cm인지 구해 보
세요.

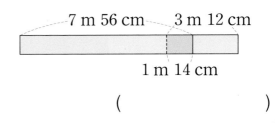

(   )

❶Tip 이어 붙인 색 테이프의 전체 길이는 색
테이프 2장의 길이의 합에서 겹친 부분의 길이
를 빼서 구해요.

12-1 길이가 3 m 25 cm인 색 테이프 3
장을 그림과 같이 19 cm씩 겹치게 이어 붙
였습니다. 이어 붙인 색 테이프의 전체 길이
는 몇 m 몇 cm인지 구해 보세요.

3 m 25 cm   3 m 25 cm   3 m 25 cm

19 cm   19 cm

(   )

12-2 길이가 56 cm인 색 테이프 6장을
그림과 같이 5 cm씩 겹치게 한 줄로 이어 붙
였습니다. 이어 붙인 색 테이프의 전체 길이
는 몇 m 몇 cm인지 구해 보세요.

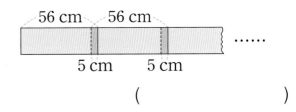

(   )

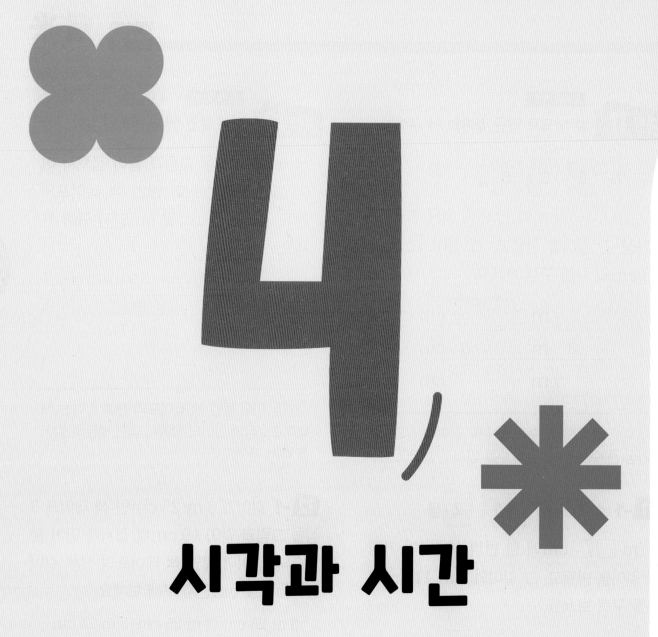

4

시각과 시간

시각과 시간

개념 1 시각 읽기

시계의 긴바늘이 가리키는 숫자가 1이면 **5분**, 2이면 **10분**, 3이면 **15분**……을 나타냅니다. 시계에서 긴바늘이 가리키는 작은 눈금 한 칸은 1분을 나타냅니다.

| 7시 ⬚ 분 | 1시 12분 |

개념 2 여러 가지 방법으로 시각 읽기

8시 55분을 9시 ⬚ 분 전 이라고도 합니다.

개념 3 시간 알아보기

시계의 긴바늘이 한 바퀴 도는 데 걸린 시간은 **60분**입니다. **60분**은 ⬚ 시간입니다.

5시 10분 20분 30분 40분 50분 6시

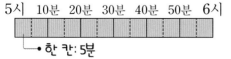
→ 한 칸: 5분

개념 4 걸린 시간 알아보기

목포에서 공주까지 가는 데 걸린 시간:

1시간 ⬚ 분＝90분 → 60분＋30분

개념 5 하루의 시간 알아보기

• 오전: 전날 밤 12시부터 낮 12시까지

• 오후: 낮 12시부터 밤 ⬚ 시까지

• 하루는 **24시간**입니다. | 1일＝24시간

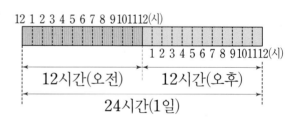

개념 6 달력 알아보기

• 1주일은 **7일**입니다. | 1주일＝7일

• 1년은 **12개월**입니다. | 1년＝12개월

→ 2월은 4년에 한 번씩 29일이 됩니다.

월	1	2	3	4	5	6
날수(일)	31	28(29)	31	30	31	30
월	7	8	9	10	11	12
날수(일)	31	31	30	31	⬚	31

정답 ❶15 ❷5 ❸1 ❹30 ❺12 ❻30

01 ☐ 안에 알맞은 수를 써넣으세요.

> 시계의 긴바늘이 1을 가리키면
> ☐ 분을 나타냅니다.

02 시계를 보고 몇 시 몇 분인지 써 보세요.

( )

03 오른쪽 시계를 보고 ☐ 안에 알맞은 수를 써넣으세요.

> 시계가 나타내는 시각은
> ☐ 시 ☐ 분입니다.
>
> 7시가 되려면 ☐ 분이 더 지나야
>
> 하므로 ☐ 시 ☐ 분 전입니다.

⚡ AI가 뽑은 정답률 낮은 문제
04 ☐ 안에 알맞은 수를 써넣으세요.

🔗78쪽
유형 2

1시간 30분 = ☐ 분

05 어느 해의 5월 달력입니다. 5월 8일 어버이날은 무슨 요일인지 써 보세요.

5월						
일	월	화	수	목	금	토
	1	2	3	4	5	6
7	8	9	10	11	12	13
14	15	16	17	18	19	20
21	22	23	24	25	26	27
28	29	30	31			

( )

06 오전에 ○표, 오후에 △표 해 보세요.

> 아침 9시 저녁 6시
>
> 낮 1시 새벽 4시

07 같은 것끼리 이어 보세요.

1일	24시간
60분	7일
1주일	1시간
1년	12개월

08 더 긴 기간에 ○표 해 보세요.

> 12일 1주일 4일

( ) ( )

09 날수가 31일이 아닌 달은 어느 것인가요? ( )

① 1월　　② 3월　　③ 5월
④ 7월　　⑤ 9월

10 나타내는 시각이 다른 하나를 찾아 기호를 써 보세요.

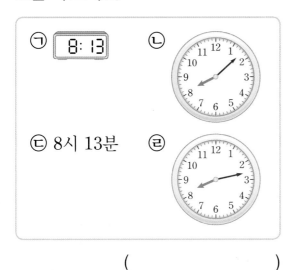

( )

11 ⚡AI가 뽑은 정답률 낮은 문제
📎79쪽 유형3
시계가 멈춰서 현재 시각으로 맞추려고 합니다. 긴바늘을 몇 바퀴만 돌리면 되는지 1부터 9까지의 수 중에서 ☐ 안에 알맞은 수를 써넣으세요.

멈춘 시계　　현재 시각

　5:20

긴바늘을 ☐ 바퀴만 돌리면 됩니다.

12 ⚡AI가 뽑은 정답률 낮은 문제
📎79쪽 유형4
세운이가 말하는 시각은 몇 시 몇 분인지 구해 보세요.

짧은바늘은 6과 7 사이를 가리키고, 긴바늘은 9를 가리키고 있네.

세운

( )

13 ⚡AI가 뽑은 정답률 낮은 문제
📎80쪽 유형5
하리는 오전 11시 30분부터 오후 1시 30분까지 줄넘기를 했습니다. 하리가 줄넘기를 한 시간은 몇 시간인지 구해 보세요.

( )

14 ⚡AI가 뽑은 정답률 낮은 문제
📎81쪽 유형8
준우가 놀이터에 도착하여 시계를 보니 3시였습니다. 집에서 25분 전에 출발했다면 집에서 출발한 시각은 몇 시 몇 분이었는지 구해 보세요.

( )

15 ⚡AI가 뽑은 정답률 낮은 문제
📎81쪽 유형7
승연이와 진호가 떡 만들기를 시작한 시각과 끝낸 시각을 나타낸 표입니다. 떡을 만드는 데 걸린 시간은 몇 시간 몇 분인지 각각 구하고, 떡 만들기를 더 오래 한 사람은 누구인지 이름을 써 보세요.

	승연	진호
시작한 시각	9시 10분	9시 30분
끝낸 시각	10시 20분	11시
걸린 시간		

( )

16 선유의 어머니께서 45분 동안 화장실 청소를 했습니다. 청소가 끝난 시각을 보고 청소를 시작한 시각을 나타내어 보세요.

시작한 시각

끝난 시각

AI가 뽑은 정답률 낮은 문제

17 예령이네 가족이 여행을 가기 위해 집에서 출발한 시각과 여행을 하고 다음 날 집에 도착한 시각입니다. 여행한 시간은 모두 몇 시간인지 구해 보세요.

🔗82쪽
유형 9

첫날 출발한 시각	다음 날 도착한 시각
오전 9:00	오후 2:00

( )

18 어느 해의 10월 달력의 일부분입니다. 이달의 27일은 무슨 요일인가요?
( )

10월						
일	월	화	수	목	금	토
1	2	3	4	5	6	7
8	9	10	11	12	13	14

① 월요일　　② 화요일
③ 수요일　　④ 목요일
⑤ 금요일

서술형

19 농구 경기를 오후 7시에 시작하여 다음과 같이 하였습니다. 농구 경기가 끝나는 시각은 몇 시 몇 분인지 풀이 과정을 쓰고 답을 구해 보세요.

1쿼터	10분
쉬는 시간	2분
2쿼터	10분
쉬는 시간	15분
3쿼터	10분
쉬는 시간	2분
4쿼터	10분

풀이 ▶ _____

_____

_____

답 ▶ _____

서술형

20 서울의 시각이 오전 11시 30분일 때 영국 런던의 시각은 같은 날 오전 3시 30분입니다. 서울의 시각이 오후 6시일 때 런던의 시각을 구하려고 합니다. 풀이 과정을 쓰고 답을 구해 보세요.

풀이 ▶ _____

_____

_____

답 ▶ _____

01 시계의 긴바늘이 각 숫자를 가리킬 때 몇 분을 나타내는지 써넣으세요.

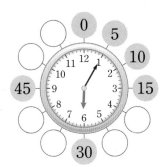

02 시계를 보고 몇 시 몇 분인지 써 보세요.

( )

03 하루는 몇 시간인지 써 보세요.

( )

04 ☐ 안에 알맞은 수를 써넣으세요.

- 1주일은 ☐ 일입니다.
- 1년은 ☐ 개월입니다.

05 서울에서 강릉까지 버스를 타고 가는 데 걸린 시간을 시간 띠에 색칠하고 구해 보세요.

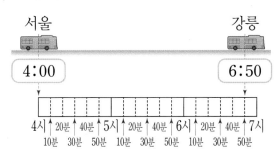

서울에서 강릉까지 가는 데 걸린 시간:

☐ 시간 ☐ 분

4 단원

06 표를 완성해 보세요.

월	1	2	3	4
날수(일)	31	28(29)	31	
월	5	6	7	8
날수(일)	31	30		
월	9	10	11	12
날수(일)	30			

AI가 뽑은 정답률 낮은 문제

07 시계가 나타내는 시각으로 바른 것을 모두 고르세요. ( )

⚙78쪽 유형 1

① 10시 40분 ② 9시 40분
③ 8시 50분 ④ 10시 20분 전
⑤ 9시 20분 전

08 왼쪽 시계가 나타내는 시각을 오른쪽 시계에 나타내어 보세요.

09 시윤이가 축구를 시작한 시각과 끝낸 시각을 나타낸 것입니다. 시윤이가 축구를 한 시간은 몇 시간 몇 분인지 구해 보세요.

시작한 시각   끝낸 시각

(   )

10 혜영이는 피아노 연습을 1시간 동안 하기로 했습니다. 시계를 보고 피아노 연습을 몇 분 더 해야 하는지 구해 보세요.

시작한 시각   현재 시각

(   )

11 어느 공장에서 기계가 64시간 동안 돌아가고 있습니다. 기계가 돌아간 시간은 며칠 몇 시간인지 구해 보세요.

(   )

⚡ AI가 뽑은 정답률 낮은 문제

12 훈이는 오늘 110분 동안 영화를 봤습니다. 훈이가 영화를 본 시간은 몇 시간 몇 분인지 구해 보세요.

🔗78쪽 유형2

(   )

⚡ AI가 뽑은 정답률 낮은 문제

13 현재 시각은 오후 1시 30분입니다. 현재부터 긴바늘이 3바퀴 돌았을 때의 시각을 구해 보세요.

🔗79쪽 유형3

(오전 , 오후) ☐ 시 ☐ 분

⚡ AI가 뽑은 정답률 낮은 문제

14 시계의 짧은바늘은 3과 4 사이를 가리키고, 긴바늘은 9에서 작은 눈금 3칸 더 간 곳을 가리킵니다. 시계가 나타내는 시각은 몇 시 몇 분인지 구해 보세요.

🔗79쪽 유형4

(   )

15 거울에 비친 시계가 나타내는 시각은 몇 시 몇 분인지 써 보세요.

◦80쪽
유형 6

( )

16 가장 빠른 시각을 찾아 기호를 써 보세요.

ⓐ `9:45`

ⓑ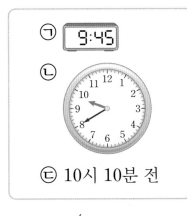

ⓒ 10시 10분 전

( )

서술형

17 1시간에 2분씩 빨라지는 시계가 있습니다. 이 시계의 시각을 오늘 오후 7시에 정확하게 맞추었습니다. 내일 오전 2시에 이 시계가 나타내는 시각은 오전 몇 시 몇 분일지 풀이 과정을 쓰고 답을 구해 보세요.

풀이 ▶
_____

_____

_____

답 ▶
_____

18~20 어느 해의 7월 달력의 일부분을 보고 물음에 답해 보세요.

7월						
일	월	화	수	목	금	토
						1
2 연희 생일	3	4	5	6	7	8

18 재우의 생일은 연희 생일의 15일 후입니다. 무슨 요일인지 구해 보세요.

( )

19 이달의 넷째 토요일은 며칠인지 구해 보세요.

◦83쪽
유형 11

( )

서술형

20 이달의 마지막 날은 무슨 요일인지 풀이 과정을 쓰고 답을 구해 보세요.

◦83쪽
유형 12

풀이 ▶
_____

_____

_____

답 ▶
_____

4
단원

71

01 ☐ 안에 알맞은 수를 써넣으세요.

시계의 긴바늘이 ☐을/를 가리키면 45분을 나타냅니다.

02 시각을 두 가지 방법으로 읽어 보세요.

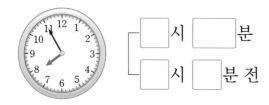

☐시 ☐분

☐시 ☐분 전

03 ☐ 안에 알맞은 수를 써넣으세요.

• 1일은 ☐시간입니다.

• 40시간은 ☐일 ☐시간입니다.

04 ( ) 안에 오전과 오후를 알맞게 써 보세요.

• 아침 8시 ( )
• 저녁 7시 ( )
• 새벽 2시 ( )

05~06 어느 해의 4월 달력을 보고 물음에 답해 보세요.

4월						
일	월	화	수	목	금	토
						1
2	3	4	5	6	7	8
9	10	11	12	13	14	15
16	17	18	19	20	21	22
23	24	25	26	27	28	29
30						

05 토요일이 모두 몇 번 있는지 구해 보세요.

( )

06 4월 5일 식목일은 무슨 요일인지 써 보세요.

( )

07 같은 시각을 나타낸 것끼리 이어 보세요.

• 10:37

• 6:49

08 1시 20분을 바르게 나타낸 것에 ○표 해 보세요.

(   )   (   )

09 걸린 시간이 같은 운동끼리 이어 보세요.

수영 10:30~11:25	줄넘기 8:00~8:45
자전거 타기 1:20~2:05	태권도 4:40~5:35

AI가 뽑은 정답률 낮은 문제

10 시계의 짧은바늘은 8과 9 사이를 가리키고, 긴바늘은 1에서 작은 눈금 3칸 더 간 곳을 가리킵니다. 시계가 나타내는 시각은 몇 시 몇 분인지 구해 보세요.

📎79쪽 유형4

(   )

11 더 일찍 일어난 사람은 누구인지 이름을 써 보세요.

나는 오늘 아침 6시 45분에 일어났어.
호걸

나는 7시 10분 전에 일어났어.
리나

(   )

12~14 루아네 가족의 1박 2일 여행 일정표를 보고 물음에 답해 보세요.

첫날

시간	일정
9:00~11:00	이동
11:00~1:00	박물관 관람
1:00~2:00	점심 식사
2:00~4:00	둘레길 걷기
⋮	⋮

다음 날

시간	일정
9:00~10:00	아침 식사
10:00~12:00	바닷가 산책
12:00~1:00	점심 식사
⋮	⋮
4:00~6:00	집으로 이동

12 첫날 박물관 관람을 시작한 때부터 둘레길 걷기를 끝낸 때까지 걸린 시간은 몇 시간인지 구해 보세요.

(   )

13 알맞은 말에 ○표 해 보세요.

• 첫날 (오전 , 오후)에 둘레길 걷기를 했습니다.

• 다음 날 (오전 , 오후)에 바닷가 산책을 했습니다.

AI가 뽑은 정답률 낮은 문제

14 루아네 가족이 집에서 출발하여 집에 도착할 때까지 여행한 시간은 모두 몇 시간인지 구해 보세요.

📎82쪽 유형9

(   )

15~16 어느 해의 7월 달력을 보고 물음에 답해 보세요.

7월

일	월	화	수	목	금	토
				1	2	3
4	5	6	7	8	9	10
11	12	13	14	15	16	17
18	19	20	21	22	23	24
25	26	27	28	29	30	31

15 수지는 매주 금요일마다 수영 연습을 합니다. 수영 연습을 하는 날을 모두 찾아 달력에 ○표 해 보세요.

AI가 뽑은 정답률 낮은 문제

16 7월 19일부터 8월 13일까지 여름 방학이라고 합니다. 여름 방학 기간은 모두 며칠인지 구해 보세요.

82쪽 유형10

(   )

서술형

17 서율이는 동물 농장에서 30분씩 4가지 체험 활동을 했습니다. 체험 활동이 끝난 시각을 시계에 나타내려고 합니다. 풀이 과정을 쓰고 답을 구해 보세요.

시작한 시각

끝난 시각

풀이

AI가 뽑은 정답률 낮은 문제

18 거울에 비친 시계가 나타내는 시각은 몇 시 몇 분 전인지 구해 보세요.

80쪽 유형6

(   )

AI가 뽑은 정답률 낮은 문제

19 선재는 친구들과 공연을 보러 갔습니다. 4시에 1부를 시작하여 1시간 10분 동안 공연을 하고 20분 동안 쉽니다. 2부도 1시간 10분 동안 공연을 한다면 2부가 끝난 시각은 몇 시 몇 분인지 구해 보세요.

81쪽 유형8

(   )

AI가 뽑은 정답률 낮은 문제 서술형

20 어느 해의 11월 4일은 토요일입니다. 같은 해 12월 1일은 무슨 요일인지 풀이 과정을 쓰고 답을 구해 보세요.

83쪽 유형12

풀이

답

AI가 뽑은 정답률 낮은 **문제**

01 ☐ 안에 알맞은 수를 써넣으세요.

🔗78쪽
유형**2**

- 60분 = ☐ 시간
- 1시간 = ☐ 분

02 시계가 나타내는 시각을 바르게 읽은 사람은 누구인지 이름을 써 보세요.

4시 28분이야.   4시 8분이야.

보경   윤호

( )

03 시계의 긴바늘이 각 숫자를 가리킬 때 몇 분을 나타내는지 알맞게 써넣으세요.

숫자	2	4	6	8	10
분(분)					

04 시각을 시계에 나타내어 보세요.

5시 5분 전

05 인영이가 농구를 2시 30분에 시작하여 3시 50분에 끝냈습니다. 농구를 하는 데 걸린 시간을 시간 띠에 색칠하고 구해 보세요.

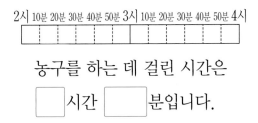

농구를 하는 데 걸린 시간은

☐ 시간 ☐ 분입니다.

06 오전과 오후를 알맞게 이어 보세요.

아침 7시   오전

밤 11시 55분   오후

07 노을이가 오전에 등교한 시각과 오후에 하교한 시각을 나타낸 것입니다. 노을이가 학교에 있었던 시간을 시간 띠에 색칠하고 구해 보세요.

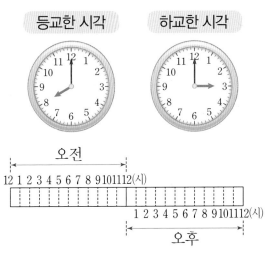

노을이가 학교에 있었던 시간은

☐ 시간입니다.

08 1년 중 날수가 30일인 월을 모두 써 보세요.

(   )

09 7시 25분을 바르게 나타낸 것을 찾아 ○표 해 보세요.

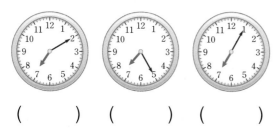

(   )   (   )   (   )

🖊️서술형

10 한음이는 2시 10분부터 3시 45분까지 숙제를 했습니다. 한음이가 숙제를 한 시간은 몇 시간 몇 분인지 풀이 과정을 쓰고 답을 구해 보세요.

풀이 ▶ _____

_____

_____

답 ▶ _____

11 준이네 가족은 밤 12시 10분에 대전역에 도착하는 기차를 탔습니다. 준이네 가족이 기차를 타고 대전역에 도착한 시각은 오전인지 오후인지 써 보세요.

(   )

12 틀린 것은 어느 것인가요? (   )

① 2일＝48시간

② 2시간＝120분

③ 15일＝2주일 1일

④ 31개월＝2년 7개월

⑤ 1년 1개월＝11개월

13 리온이가 오늘 오후에 한 일을 나타낸 것입니다. 리온이가 먼저 한 일부터 차례대로 기호를 써 보세요.

(   )

14 ⬜ 안에 알맞은 수를 써넣어 7시 10분을 설명해 보세요.

> 시계의 짧은바늘은 ⬜와/과 ⬜ 사이를 가리키고, 긴바늘은 ⬜을/를 가리킵니다.

15~17 어느 해의 2월 달력의 일부분을 보고 물음에 답해 보세요.

2월						
일	월	화	수	목	금	토
				1	2	3	4
5	6	7	8	9	10	11

(6일 아래: 연주 생일)

AI가 뽑은 정답률 낮은 문제

15 건이의 생일은 연주 생일의 일주일 전입니다. 몇 월 며칠인지 구해 보세요.
83쪽 유형11

(   )

AI가 뽑은 정답률 낮은 문제

16 주아의 생일은 연주 생일의 13일 후입니다. 몇 월 며칠이고, 무슨 요일인지 차례대로 써 보세요.
83쪽 유형11

(,   )

AI가 뽑은 정답률 낮은 문제

17 이달의 월요일인 날짜를 모두 써 보세요.
83쪽 유형11

(   )

AI가 뽑은 정답률 낮은 문제 📝서술형

18 도서관에서 민호, 윤지, 현준이가 책을 읽고 있습니다. 도서관에 온 지 민호는 1시간, 윤지는 75분, 현준이는 1시간 10분이 지났다면 도서관에 가장 먼저 온 사람은 누구인지 풀이 과정을 쓰고 답을 구해 보세요.
78쪽 유형2

풀이 ▶ _____

_____

_____

답 ▶ _____

4단원

AI가 뽑은 정답률 낮은 문제

19 유민이와 동생이 잠든 시각과 일어난 시각입니다. 잠을 더 오래 잔 사람은 누구인지 써 보세요.
81쪽 유형7

	잠든 시각	일어난 시각
유민	오후 9시 10분	오전 6시 50분
동생	오후 9시 30분	오전 7시 20분

(   )

20 1시간에 ⭐분씩 빨라지는 시계가 있습니다. 이 시계의 시각을 오후 11시에 정확하게 맞추었습니다. 3시간 후 이 시계가 나타내는 시각은 오전 2시 27분이었습니다. ⭐에 알맞은 수를 구해 보세요.

(   )

⌀ 2회 7번

유형 1 여러 가지 방법으로 시각을 바르게(틀리게) 읽은 것 찾기

시계를 보고 바르게 읽은 것을 찾아 기호를 써 보세요.

> ㉠ 10시 9분
> ㉡ 9시 10분
> ㉢ 11시 15분 전
> ㉣ 10시 40분

( )

❶Tip ◆시에서 시계의 긴바늘이 ↙ 방향으로 작은 눈금 ♥칸 간 곳을 가리키면 ◆시 ♥분 전이에요.

1-1 시계를 보고 바르게 말한 사람은 누구인지 이름을 써 보세요.

> • 새롬: 5시 11분 전입니다.
> • 우진: 5시 5분 전입니다.

( )

1-2 시계가 나타내는 시각으로 바른 것을 모두 고르세요. ( )

① 7시 10분　　② 7시 50분
③ 10시 7분　　④ 8시 10분 전
⑤ 10시 25분 전

⌀ 1회 4번　⌀ 2회 12번　⌀ 4회 1, 18번

유형 2 시간과 분 사이의 관계 알기

☐ 안에 알맞은 수를 써넣으세요.

> • 80분＝☐시간 ☐분
> • 2시간 10분＝☐분

❶Tip 1시간＝60분

2-1 다음 중 틀린 것을 찾아 기호를 써 보세요.

> ㉠ 1시간 45분＝105분
> ㉡ 110분＝1시간 10분
> ㉢ 190분＝3시간 10분

( )

2-2 서후는 오늘 1시간 25분 동안 독서를 했습니다. 서후가 독서를 한 시간은 몇 분인지 구해 보세요.

( )

2-3 놀이터에서 우명, 로이, 민우가 놀고 있습니다. 놀이터에 온 지 우명이는 65분, 로이는 1시간, 민우는 77분이 되었다면 놀이터에 가장 먼저 온 사람은 누구인지 이름을 써 보세요.

( )

🔗 1회 11번 🔗 2회 13번

시곗바늘이 움직였을 때의 시각 구하기

현재 시각은 오전 6시 40분입니다. 현재부터 긴바늘이 1바퀴 돌았을 때의 시각을 구해 보세요.

(오전 , 오후) ☐ 시 ☐ 분

❶Tip 긴바늘이 ■바퀴 돌면 ■시간이 지난 것과 같아요.

3-1 공연이 시작한 시각을 나타낸 것입니다. 긴바늘이 2바퀴 돌았을 때 공연이 끝났습니다. 공연이 끝난 시각을 구해 보세요.

☐ 시 ☐ 분

3-2 현재 시각이 다음과 같을 때, 12시 50분이 되려면 시계의 긴바늘을 몇 바퀴 돌려야 하는지 구하려고 합니다. 1부터 5까지의 수 중에서 ☐ 안에 알맞은 수를 써넣으세요.

☐ 바퀴

🔗 1회 12번 🔗 2회 14번 🔗 3회 10번

 유형 **4**

설명하는 시각 구하기

시계의 짧은바늘은 10과 11 사이를 가리키고, 긴바늘은 5를 가리킵니다. 시계가 나타내는 시각은 몇 시 몇 분인지 구해 보세요.

(   )

❶Tip 시계의 짧은바늘이 ◎와 ◎ 다음 숫자 사이를 가리키고, 긴바늘이 ▼분을 가리키면 시계가 나타내는 시각은 ◎시 ▼분이에요.

4
단원

4-1 시계의 짧은바늘은 8과 9 사이를 가리키고, 긴바늘은 4에서 작은 눈금 3칸 더 간 곳을 가리킵니다. 시계가 나타내는 시각은 몇 시 몇 분인지 구해 보세요.

(   )

4-2 설명하는 시각을 구해 보세요.

- 짧은바늘은 1과 2 사이를 가리킵니다.
- 긴바늘은 1에서 작은 눈금 4칸 더 간 곳을 가리킵니다.

☐ 시 ☐ 분

4-3 지원이가 말하는 시각은 몇 시 몇 분인지 구해 보세요.

짧은바늘은 2와 3 사이를 가리키고, 긴바늘은 7을 가리켜.

지원

(   )

🔗 1회 13번

유형 5 오전과 오후의 두 시각 사이의 시간 구하기

오늘 오후 5시부터 내일 오전 7시까지는 몇 시간인지 구해 보세요.

( )

❗Tip 오늘 오후 5시부터 밤 12시까지의 시간과 밤 12시부터 내일 오전 7시까지의 시간을 각각 구해서 더해요.

5-1 지혁이는 오전 11시 20분부터 오후 1시 20분까지 그림을 그렸습니다. 지혁이가 그림을 그린 시간은 몇 시간인지 구해 보세요.

( )

5-2 유나네 반은 체험 학습을 오전 9시 30분에 시작하여 오후 2시 50분에 끝냈습니다. 유나네 반이 체험 학습을 한 시간은 몇 시간 몇 분인가요? ( )

① 3시간 20분   ② 4시간 20분
③ 5시간 20분   ④ 6시간 20분
⑤ 7시간 40분

5-3 어느 식당이 오전 11시 30분부터 오후 3시 10분까지 점심 식사를 판매하고, 휴식 시간을 갖는다고 합니다. 이 식당이 하루에 점심 식사를 판매하는 시간은 모두 몇 분인지 구해 보세요.

( )

🔗 2회 15번   🔗 3회 18번

유형 6 거울에 비친 시각 구하기

소정이는 거울에 비친 시계를 보았습니다. 시계가 나타내는 시각은 몇 시 몇 분인지 써 보세요.

소정

( )

❗Tip 시계의 짧은바늘과 긴바늘이 가리키는 숫자를 살펴봐요.

6-1 거울에 비친 시계가 나타내는 시각은 몇 시 몇 분인지 써 보세요.

( )

6-2 거울에 비친 시계가 나타내는 시각은 몇 시 몇 분 전인지 구해 보세요.

( )

🔗 1회 15번 🔗 4회 19번

유형 7 걸린 시간 비교하기

슬기와 도경이가 음악 줄넘기를 시작한 시각과 끝낸 시각을 나타낸 표입니다. 음악 줄넘기를 더 오래 한 사람은 누구인지 이름을 써 보세요.

	시작한 시각	끝낸 시각
슬기	2시 20분	3시 30분
도경	3시 15분	4시 5분

( )

❶Tip 먼저 두 사람이 음악 줄넘기를 한 시간을 각각 구해요.

7-1 지민이와 수현이가 독서를 시작한 시각과 끝낸 시각을 나타낸 표입니다. 독서를 하는 데 걸린 시간은 몇 시간 몇 분인지 구하고, 독서를 더 오래 한 사람은 누구인지 이름을 써 보세요.

	시작한 시각	끝낸 시각	걸린 시간
지민	7시	8시 15분	
수현	7시 55분	9시	

( )

7-2 윤하는 1시 40분에 수학 공부를 시작하여 3시 10분에 끝냈고, 송희는 2시에 수학 공부를 시작하여 3시 50분에 끝냈습니다. 수학 공부를 더 오래 한 사람은 누구인지 이름을 써 보세요.

( )

🔗 1회 14번 🔗 3회 19번

유형 8 ■시간 ▲분 전(후)의 시각 구하기

해주가 1시간 15분 동안 영어 공부를 했습니다. 영어 공부를 끝낸 시각이 5시 40분이라면 영어 공부를 시작한 시각은 몇 시 몇 분인지 구해 보세요.

( )

❶Tip 영어 공부를 끝낸 시각에서 1시간 전의 시각을 먼저 알아봐요.

8-1 아라네 학교는 9시에 1교시 수업을 시작하여 40분 동안 수업을 하고 10분 동안 쉽니다. 3교시 수업이 끝나는 시각은 몇 시 몇 분인지 구해 보세요.

( )

8-2 로미가 1시간 20분 동안 블록 놀이를 하다가 거울에 비친 시계를 보았더니 다음과 같았습니다. 로미가 블록 놀이를 시작한 시각은 몇 시 몇 분인지 구해 보세요.

( )

4
단원

⊘ 1회 17번 ⊘ 3회 14번

유형 9 하루가 넘는 시간 구하기

민우네 가족이 여행을 가기 위해 집에서 출발한 시각과 여행을 하고 다음 날 집에 도착한 시각입니다. 여행한 시간은 모두 몇 시간인지 구해 보세요.

첫날 출발한 시각	다음 날 도착한 시각
오전 8:30	오후 5:30

( )

❶ Tip 1일은 24시간이에요.

9-1 채빈이네 가족이 여행을 가기 위해 집에서 출발한 시각과 여행을 하고 다음 날 집에 도착한 시각입니다. 여행한 시간은 모두 몇 시간인지 구해 보세요.

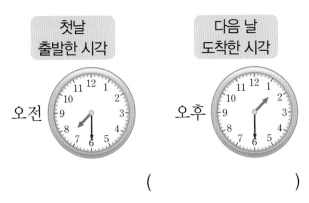

첫날 출발한 시각 — 오전
다음 날 도착한 시각 — 오후

( )

9-2 진설이네 가족은 6월 20일 오전 11시부터 6월 21일 오후 2시까지 캠핑장에 있었습니다. 진설이네 가족이 캠핑장에 있었던 시간은 모두 몇 시간인지 구해 보세요.

( )

⊘ 3회 16번

유형 10 기간 구하기

1월 11일부터 2월 28일까지 겨울 방학이라고 합니다. 겨울 방학 기간은 며칠인지 구해 보세요.

( )

❶ Tip 1월의 날수는 31일이에요.

10-1 어린이 미술 대회의 접수 기간이 4월 3일부터 5월 8일까지라고 합니다. 접수 기간은 며칠인지 구해 보세요.

( )

10-2 전시회를 하는 기간은 며칠인지 구해 보세요.

어린이 전시회
2024년 8월 19일 ~
2024년 11월 8일

( )

10-3 수환이는 3월, 4월, 5월 동안 매일 독서를 했습니다. 수환이가 독서를 한 날은 모두 며칠인지 구해 보세요.

( )

🔗 2회 19번 🔗 4회 15, 16, 17번

유형 11 조건에 맞는 날짜 구하기

어느 해의 3월 달력의 일부분입니다. 이 달의 넷째 토요일은 몇 월 며칠인지 구해 보세요.

3월						
일	월	화	수	목	금	토
			1	2	3	4

( )

❶Tip 같은 요일은 7일마다 반복돼요.

11-1 어느 해의 1월 달력의 일부분입니다. 동호의 생일은 혁이 생일의 11일 후입니다. 몇 월 며칠인지 구해 보세요.

1월						
일	월	화	수	목	금	토
1	2	3	4	5	6	7
8	9	10	11	12	13	14
	혁이 생일					

( )

11-2 어느 해의 8월 달력의 일부분입니다. 8월 15일 광복절부터 2주일 후는 몇 월 며칠인지 구해 보세요.

8월						
일	월	화	수	목	금	토
		1	2	3	4	5
6	7	8	9	10	11	12
13	14	15	16	17	18	19

( )

🔗 2회 20번 🔗 3회 20번

유형 12 조건에 맞는 요일 구하기

어느 해 3월 1일은 수요일입니다. 이달의 마지막 날은 무슨 요일인지 구해 보세요.

( )

❶Tip 3월의 날수는 31일이에요.

12-1 어느 해 10월 3일은 화요일입니다. 같은 해 11월 14일은 무슨 요일인지 구해 보세요.

( )

12-2 어느 해 7월 1일은 토요일입니다. 같은 해 8월 26일은 무슨 요일인지 구해 보세요.

( )

12-3 어느 해 4월 27일은 목요일입니다. 같은 해 5월의 마지막 날은 무슨 요일인지 구해 보세요.

( )

5

표와 그래프

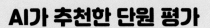

개념 ① 자료를 보고 표로 나타내기

호영이네 반 학생들이 좋아하는 장난감

호영	다희	수아	민재	형우
윤희	가영	정후	보경	지우
주원	용식	진선	하준	영민

• 자동차 • 로봇 • 인형 • 공

좋아하는 장난감별 학생 수

장난감	자동차	인형	로봇	공	합계
학생 수(명)	5		3	3	15

→ 자료를 표로 나타내면 좋아하는 장난감별 학생 수와 전체 학생 수를 쉽게 알 수 있어요.

개념 ② 자료를 조사하여 표로 나타내기

◆ **자료를 조사하여 표로 나타내는 방법**

① 무엇을 조사할지 정합니다.

② 조사할 방법을 정합니다.

③ 자료를 조사합니다.

④ ☐ (으)로 나타냅니다.

참고

자료를 조사하는 방법

• 한 사람씩 말하기

• 항목에 손 들기

• 붙임 종이에 적기

• 항목에 붙임딱지 붙이기

• 조사표를 들고 돌아다니며 질문하기

개념 ③ 그래프로 나타내기

◆ **그래프로 나타내는 방법**

① 가로와 세로에 무엇을 쓸지 정합니다.

② 가로와 세로를 각각 몇 칸으로 할지 정합니다.

③ 자료의 수만큼 ◯로 표시합니다.

혈액형별 학생 수

혈액형	A형	B형	AB형	O형	합계
학생 수(명)	3	2	1	3	9

혈액형별 학생 수

3	◯			◯
2	◯	◯		◯
1	◯	◯	◯	◯
학생 수(명) / 혈액형	A형		AB형	O형

개념 ④ 표와 그래프의 내용 알아보기

동물 수

동물	토끼	사자	하마	기린	합계
동물 수(마리)	3	1	2	2	8

동물 수

3	◯			
2	◯		◯	◯
1	◯	◯	◯	◯
동물 수(마리) / 동물	토끼	사자	하마	기린

• 조사한 전체 동물 수는 ☐ 마리입니다.

• 가장 많은 동물은 토끼입니다.

정답 ①4 ②표 ③B형 ④8

01~04 미호네 반 학생들이 좋아하는 악기를 조사하였습니다. 물음에 답해 보세요.

미호네 반 학생들이 좋아하는 악기

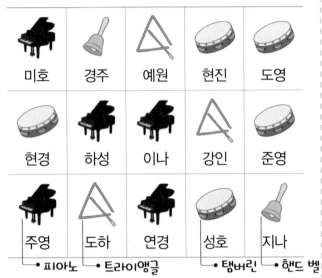

미호	경주	예원	현진	도영
현경	하성	이나	강인	준영
주영	도하	연경	성호	지나

• 피아노   • 트라이앵글   • 탬버린   • 핸드 벨

01 강인이는 어떤 악기를 좋아하는지 써보세요.

(   )

02 미호네 반 학생은 모두 몇 명인지 써보세요.

(   )

03 자료를 보고 표를 완성해 보세요.

좋아하는 악기별 학생 수

악기	피아노	핸드 벨	트라이앵글	탬버린	합계
학생 수(명)	5				

04 탬버린을 좋아하는 학생은 몇 명인지 써 보세요.

(   )

05~08 어느 해 2월의 날씨를 조사하였습니다. 물음에 답해 보세요.

2월의 날씨

일	월	화	수	목	금	토
1 ☀	2 ☁	3 ☀	4 ☀	5 ☁	6 ❄	7 🌧
8 ☀	9 ☁	10 ☁	11 ❄	12 ❄	13 ☀	14 ☁
15 🌧	16 ☀	17 ❄	18 ❄	19 ☀	20 ☁	21 🌧
22 ☀	23 ☁	24 ❄	25 ❄	26 🌧	27 🌧	28 🌧

☀ 맑음 ☁ 흐림 🌧 비 ❄ 눈

05 날씨가 흐림인 날짜를 모두 써 보세요.

(   )

06 자료를 보고 표로 나타내어 보세요.

2월의 날씨별 날수

날씨	맑음	흐림	눈	비	합계
날수(일)					

07 2월에 날씨가 맑은 날은 비가 온 날보다 며칠 더 많은지 구해 보세요.

(   )

08 표를 보고 ○를 이용하여 그래프로 나타내어 보세요.

2월의 날씨별 날수

8				
7				
6				
5				
4				
3				
2				
1				
날수(일) / 날씨	맑음	흐림	눈	비

09 자료를 조사하여 표로 나타내려고 합니다. 순서대로 기호를 써 보세요.

> ㉠ 자료를 조사합니다.
> ㉡ 표로 나타냅니다.
> ㉢ 조사할 방법을 정합니다.
> ㉣ 무엇을 조사할지 정합니다.

( )

10~11 선재네 반 학생들의 혈액형을 조사하여 나타낸 표를 보고 그래프로 나타내려고 합니다. 물음에 답해 보세요.

혈액형별 학생 수

혈액형	A형	B형	AB형	O형	합계
학생 수(명)	7	5	2	4	18

10 그래프의 세로에 학생 수를 나타내려고 합니다. 세로 한 칸을 한 명으로 나타낼 때 세로를 적어도 몇 칸으로 나누어야 하는지 써 보세요.

( )

11 표를 보고 ○를 이용하여 그래프로 나타내어 보세요.

혈액형별 학생 수

7				
6				
5				
4				
3				
2				
1				
학생 수(명)／혈액형	A형	B형	AB형	O형

12~15 현진이네 반 학생 19명이 좋아하는 색깔을 조사하여 표로 나타냈습니다. 물음에 답해 보세요.

좋아하는 색깔별 학생 수

색깔	빨간색	노란색	초록색	파란색	합계
학생 수(명)	3		4	7	19

AI가 뽑은 정답률 낮은 문제   📎101쪽 유형 6

🖊️서술형

12 노란색을 좋아하는 학생은 몇 명인지 풀이 과정을 쓰고 답을 구해 보세요.

풀이 ▶

답 ▶

13 표를 보고 ✕를 이용하여 그래프로 나타내어 보세요.

좋아하는 색깔별 학생 수

파란색							
초록색							
노란색							
빨간색							
색깔／학생 수(명)	1	2	3	4	5	6	7

14 가장 많은 학생들이 좋아하는 색깔은 무슨 색깔인지 써 보세요.

( )

15 좋아하는 학생 수가 4명보다 적은 색깔은 무슨 색깔인지 써 보세요.

( )

5단원

16~18 조각으로 모양을 만들었습니다. 물음에 답해 보세요.

16 모양을 만드는 데 사용한 조각 수를 표로 나타내어 보세요.

모양을 만드는 데 사용한 조각 수

조각	△	▱	◣	◢	합계
조각 수(개)					

17 두 번째로 많이 사용한 조각을 찾아 ○표 해 보세요.

AI가 뽑은 정답률 낮은 문제 　　　　　 ✏️서술형

18 가장 많이 사용한 조각 수와 가장 적게 사용한 조각 수의 차는 몇 개인지 풀이 과정을 쓰고 답을 구해 보세요.

🔗100쪽
유형4

풀이▶ _____

_____

_____

답▶ _____

19 지수네 반과 장우네 반 학생들이 좋아하는 떡을 조사하여 표로 나타냈습니다. 잘못 설명한 것을 찾아 기호를 써 보세요.

지수네 반 학생들이 좋아하는 떡별 학생 수

종류	꿀떡	인절미	백설기	가래떡	합계
학생 수(명)	6	8	4	3	21

장우네 반 학생들이 좋아하는 떡별 학생 수

종류	꿀떡	인절미	백설기	가래떡	합계
학생 수(명)	7	5	6	2	20

> ㉠ 지수네 반 학생들이 두 번째로 좋아하는 떡은 꿀떡입니다.
> ㉡ 두 반에서 좋아하는 학생 수가 같은 떡은 가래떡입니다.
> ㉢ 장우네 반 학생들 중 인절미를 좋아하는 학생은 5명입니다.

(　　　　　　　　)

AI가 뽑은 정답률 낮은 문제

20 이나가 일주일 동안 읽은 종류별 책 수를 표와 그래프로 나타냈습니다. 과학책과 동화책의 수가 같을 때, 표와 그래프를 완성해 보세요.

🔗102쪽
유형7

종류별 읽은 책 수

종류	과학책	동시집	동화책	위인전	합계
책 수(권)				2	

종류별 읽은 책 수

3	○			
2	○			
1	○	○		
책 수(권)＼종류	과학책	동시집	동화책	위인전

01~04 유리네 반 학생들이 태어난 계절을 조사하였습니다. 물음에 답해 보세요.

유리네 반 학생들이 태어난 계절

유리	상현	채은	호정	재이	다훈
여름	봄	봄	가을	가을	겨울
서중	수한	차민	우현	도연	연우
가을	여름	봄	가을	여름	겨울
시우	효찬	슬기	소희	다민	제니
가을	가을	봄	봄	가을	겨울

01 수한이가 태어난 계절에 ○표 해 보세요.

(봄 , 여름 , 가을 , 겨울)

02 겨울에 태어난 학생들의 이름을 모두 써 보세요.

( )

03 조사한 자료를 표로 나타냈습니다. ㉠, ㉡, ㉢, ㉣, ㉤에 알맞은 수가 틀린 것은 어느 것인가요? ( )

태어난 계절별 학생 수

계절	봄	여름	가을	겨울	합계
학생 수(명)	㉠	㉡	㉢	㉣	㉤

① ㉠: 5 ② ㉡: 3 ③ ㉢: 7

④ ㉣: 4 ⑤ ㉤: 18

04 봄에 태어난 학생은 여름에 태어난 학생보다 몇 명 더 많은지 구해 보세요.

( )

05~08 재이네 반 학생들이 좋아하는 과일을 조사하여 표로 나타냈습니다. 물음에 답해 보세요.

좋아하는 과일별 학생 수

과일	귤	복숭아	포도	사과	합계
학생 수(명)	3	4	4	7	18

05 귤을 좋아하는 학생은 몇 명인지 써 보세요.

( )

06 표를 보고 /을 이용하여 그래프로 나타내어 보세요.

좋아하는 과일별 학생 수

7				
6				
5				
4				
3				
2				
1				
학생 수(명)／과일	귤	복숭아	포도	사과

07 그래프의 세로에 나타낸 것은 무엇인지 써 보세요.

( )

08 좋아하는 학생 수가 같은 과일은 무엇과 무엇인지 써 보세요.

(,)

5 단원

09~12 교실에 있는 색깔별 연결 모형의 수를 조사하여 그래프로 나타냈습니다. 물음에 답해 보세요.

색깔별 연결 모형의 수

10		○	
9	○	○	
8	○	○	
7	○	○	○
6	○	○	○
5	○	○	○
4	○	○	○
3	○	○	○
2	○	○	○
1	○	○	○
연결 모형의 수(개) / 색깔	빨간색	파란색	노란색

09 노란색 연결 모형은 몇 개 있는지 써 보세요.

( )

10 가장 적게 있는 연결 모형은 무슨 색깔인지 써 보세요.

( )

11 8개보다 많이 있는 연결 모형은 무슨 색깔인지 모두 써 보세요.

( )

AI가 **뽑은** 정답률 낮은 **문제**

12 교실에 있는 빨간색, 파란색, 노란색 연결 모형은 모두 몇 개인지 구해 보세요.

📎98쪽
유형 1

( )

13~15 하성이네 반 학생들이 좋아하는 교통수단을 조사하여 그래프로 나타냈습니다. 물음에 답해 보세요.

좋아하는 교통수단별 학생 수

6	/		
5	/		/
4	/		/
3	/	/	/
2	/	/	/
1	/	/	/
학생 수(명) / 교통수단	비행기	버스	기차

AI가 **뽑은** 정답률 낮은 **문제**

13 그래프를 보고 표로 나타내어 보세요.

📎100쪽
유형 3

좋아하는 교통수단별 학생 수

교통수단	비행기	버스	기차	합계
학생 수(명)				

14 표와 그래프를 보고 바르게 설명한 사람은 누구인지 이름을 써 보세요.

그래프에서 하성이네 반 학생들이 가장 좋아하는 교통수단을 쉽게 알 수 있습니다.

영은

표를 보면 하성이가 좋아하는 교통수단을 알 수 있습니다.

예준

( )

15 기차를 좋아하는 학생은 버스를 좋아하는 학생보다 몇 명 더 많은지 구해 보세요.

( )

16~17 경주네 반 학생들이 어제 잠을 잔 시간을 조사하여 표로 나타냈습니다. 물음에 답해 보세요.

잠을 잔 시간별 학생 수

시간	6시간	7시간	8시간	9시간	합계
학생 수(명)	3	5	7	4	19

서술형

16 표를 보고 그래프로 나타내려고 합니다. 그래프를 완성할 수 없는 이유를 써 보세요.

잠을 잔 시간별 학생 수

9시간						
8시간						
7시간						
6시간						
시간 / 학생 수(명)	1	2	3	4	5	6

이유 ▶
_____

_____

17 표를 보고 ○를 이용하여 그래프로 나타내어 보세요.

잠을 잔 시간별 학생 수

9시간	
8시간	
7시간	
6시간	
시간 / 학생 수(명)	

18~20 하준이와 친구들이 수학 문제를 풀어 맞힌 문제 수를 조사하여 그래프로 나타냈습니다. 물음에 답해 보세요.

학생별 맞힌 문제 수

10				○
9				○
8			○	○
7			○	○
6	○		○	○
5	○	○	○	○
4	○	○	○	○
3	○	○	○	○
2	○	○	○	○
1	○	○	○	○
문제 수(개) / 학생	지우	형우	진선	하준

5단원

18 맞힌 문제 수가 두 번째로 많은 학생의 이름을 써 보세요.

(   )

19 문제를 가장 많이 맞힌 학생은 누구이고, 맞힌 문제 수는 몇 개인지 차례대로 써 보세요.

(,   )

서술형

20 문제가 한 개에 10점씩일 때, 70점보다 높은 점수를 받은 학생의 이름을 모두 쓰려고 합니다. 풀이 과정을 쓰고 답을 구해 보세요.

풀이 ▶
_____

_____

_____

답 ▶
_____

01~03 율리네 반 학생들이 좋아하는 운동을 조사하였습니다. 물음에 답해 보세요.

율리네 반 학생들이 좋아하는 운동

율리	소이	예주	백호	희서
도경	지유	승헌	혜림	예린
호영	지후	나래	장우	준석
여림	한희	희준	경하	준기

• 줄넘기 • 달리기 • 태권도 • 축구

01 백호가 어떤 운동을 좋아하는지 써 보세요.

( )

02 축구를 좋아하는 학생은 몇 명인지 써 보세요.

( )

03 자료를 보고 표를 완성해 보세요.

좋아하는 운동별 학생 수

운동	줄넘기	달리기	태권도	축구	합계
학생 수(명)	7				

04~07 건우네 반 학생들이 좋아하는 빵을 조사하였습니다. 물음에 답해 보세요.

건우네 반 학생들이 좋아하는 빵

건우	미란	진혁	채빈	소윤
소금빵	크림빵	소금빵	팥빵	피자빵
리안	도겸	아린	하윤	라희
팥빵	크림빵	피자빵	팥빵	팥빵
솔이	준우	민기	리효	규민
크림빵	피자빵	피자빵	소금빵	피자빵

04 건우네 반 학생은 모두 몇 명인지 써 보세요.

( )

05 자료를 보고 표로 나타내어 보세요.

좋아하는 빵별 학생 수

빵	소금빵	크림빵	팥빵	피자빵	합계
학생 수(명)					

06 알맞은 말에 ○표 해 보세요.

피자빵을 좋아하는 학생은 소금빵을 좋아하는 학생보다
(많습니다 , 적습니다).

✏️ 서술형

07 표로 나타내면 좋은 점을 2가지 써 보세요.

답 ▶

_____

08 조사한 자료를 그래프로 나타내는 순서 대로 기호를 써 보세요.

> ㉠ 가로와 세로에 무엇을 쓸지 정합니다.
> ㉡ 자료의 수를 ○나 /, ×로 표시합니다.
> ㉢ 가로와 세로를 각각 몇 칸으로 할지 정합니다.

( )

09~11 민재네 반 학생들이 사는 마을을 조사하여 그래프로 나타냈습니다. 물음에 답해 보세요.

마을별 학생 수

5		○		
4		○	○	
3	○	○	○	
2	○	○	○	○
1	○	○	○	○
학생 수(명) / 마을	행복	사랑	믿음	기쁨

09 믿음 마을에 사는 학생은 몇 명인지 써 보세요.

( )

10 4명보다 많은 학생이 사는 마을은 어느 마을인지 써 보세요.

( )

11 많은 학생이 사는 마을부터 차례대로 써 보세요.

( )

12~15 다희네 반 학생들이 어제 공부한 시간을 조사하여 표로 나타냈습니다. 물음에 답해 보세요.

공부한 시간별 학생 수

시간	30분	1시간	1시간 30분	2시간	합계
학생 수(명)	2	8	4	1	15

12 표를 보고 ×를 이용하여 그래프로 나타내어 보세요.

공부한 시간별 학생 수

2시간								
1시간 30분								
1시간								
30분								
시간 / 학생 수(명)	1	2	3	4	5	6	7	8

13 가장 많은 학생들이 공부한 시간은 어느 것인가요? ( )

① 30분 ② 1시간
③ 1시간 30분 ④ 2시간

AI가 **뽑은** 정답률 낮은 문제

14 1시간 공부한 학생은 2시간 공부한 학생보다 몇 명 더 많은지 구해 보세요.

99쪽 유형2

( )

15 1시간 공부한 학생 수는 30분 공부한 학생 수의 몇 배인지 구해 보세요.

( )

16~18 예주네 반 학생 20명이 좋아하는 곤충을 조사하여 그래프로 나타냈습니다. 물음에 답해 보세요.

좋아하는 곤충별 학생 수

학생 수(명) 곤충	나비	개미	메뚜기	잠자리
8				
7				
6				/
5				/
4			/	/
3			/	/
2		/	/	
1		/	/	/

AI가 뽑은 정답률 낮은 **문제**

16 그래프를 완성해 보세요.

🔗 103쪽
유형 **8**

17 예주네 반 학생들이 두 번째로 좋아하는 곤충은 무엇인지 써 보세요.

(   )

18 그래프를 보고 알 수 없는 내용을 찾아 기호를 써 보세요.

> ㉠ 예주네 반 학생들이 가장 좋아하는 곤충
> ㉡ 예주가 좋아하는 곤충
> ㉢ 개미를 좋아하는 학생 수

(   )

19~20 영현이네 학교 2학년 반별 남학생 수와 여학생 수를 조사하여 그래프로 나타냈습니다. 물음에 답해 보세요.

반별 남학생 수

반 학생 수(명)	1	2	3	4	5	6	7	8	9
3반									
2반	○	○	○	○	○	○	○	○	○
1반									

반별 여학생 수

반 학생 수(명)	1	2	3	4	5	6	7	8	9
3반	○	○	○	○	○	○	○		
2반	○	○	○						
1반	○	○	○	○	○	○	○	○	

AI가 뽑은 정답률 낮은 **문제**

19 조건을 보고 그래프를 완성해 보세요.

🔗 103쪽
유형 **8**

> **조건**
> • 1반의 남학생 수는 2반의 여학생 수보다 2명 더 많습니다.
> • 1반과 3반의 남학생 수는 같습니다.

✏️서술형

20 학생 수가 가장 많은 반과 가장 적은 반의 학생 수의 차는 몇 명인지 풀이 과정을 쓰고 답을 구해 보세요.

풀이 ▸ _____

_____

_____

답 ▸ _____

01~05 서랍에 있는 단추를 조사하였습니다. 물음에 답해 보세요.

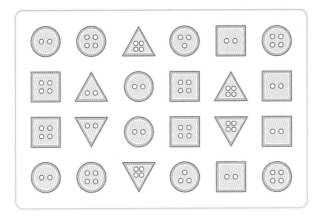

01 △ 모양 단추는 몇 개인지 써 보세요.

(   )

02 서랍에 있는 단추는 모두 몇 개인지 써 보세요.

(   )

03 자료를 보고 표로 나타내어 보세요.

모양별 단추 수

모양	○	△	□	합계
단추 수(개)				

04 단추 수가 8개인 단추는 어느 모양인지 찾아 ○표 해 보세요.

(○ , △ , □)

05 가장 많은 단추는 어느 모양인지 찾아 ○표 해 보세요.

(○ , △ , □)

06~08 제니네 반 학생들이 좋아하는 음식을 조사하여 나타낸 표를 보고 그래프로 나타내려고 합니다. 물음에 답해 보세요.

좋아하는 음식별 학생 수

음식	비빔밥	잡채	불고기	햄버거	합계
학생 수(명)	3	5	3	4	15

06 ☐ 안에 알맞은 말을 써넣으세요.

그래프의 가로에는 [   ] ,
세로에는 학생 수를 나타냅니다.

5단원

07 표를 보고 ○를 이용하여 그래프로 나타내어 보세요.

좋아하는 음식별 학생 수

5				
4				
3				
2				
1				
학생 수(명) / 음식	비빔밥	잡채	불고기	햄버거

08 알맞은 말에 ○표 해 보세요.

전체 학생 수를 알아보기에 편리한 것은 (표 , 그래프)이고, 음식별 좋아하는 학생 수의 많고 적음을 한눈에 비교하기 편리한 것은 (표 , 그래프)입니다.

[09~11] 책장에 있는 책 수를 조사하여 그래프로 나타냈습니다. 물음에 답해 보세요.

종류별 책 수

7		○		
6		○		
5	○	○		
4	○	○	○	
3	○	○	○	○
2	○	○	○	○
1	○	○	○	○
책 수(권) 종류	위인전	동화책	과학책	문제집

AI가 뽑은 정답률 낮은 문제　　　　🖊서술형

09 책장에 있는 책은 모두 몇 권인지 풀이 과정을 쓰고 답을 구해 보세요.

📎98쪽 유형 1

풀이 ▶

_____

_____

_____

답 ▶

_____

10 그래프를 보고 ☐ 안에 알맞은 말을 보기에서 골라 써넣으세요.

보기

위인전　동화책　과학책　문제집

책장에 가장 많이 있는 책은
☐ 입니다.

11 위인전과 과학책 중 어느 것이 더 많은 지 써 보세요.

(　　　　　)

[12~14] 다민이네 반 학생들이 좋아하는 동물을 조사하였습니다. 물음에 답해 보세요.

다민이네 반 학생들이 좋아하는 동물

다민	아람	서준	태인	시아	지열
강아지	강아지	고양이	고양이	토끼	토끼
라온	시윤	승빈	로희	정우	수현
고양이	호랑이	강아지	강아지	강아지	호랑이
지민	유안	세온	이헌	채원	리건
고양이	호랑이	토끼	강아지	강아지	고양이

12 자료를 보고 표로 나타내어 보세요.

좋아하는 동물별 학생 수

동물	강아지	고양이	토끼	호랑이	합계
학생 수(명)					

13 좋아하는 학생 수가 토끼와 같은 동물은 무엇인지 써 보세요.

(　　　　　)

14 조사한 자료와 표의 편리한 점에 대해 잘못 설명한 것을 찾아 기호를 써 보세요.

> ㉠ 조사한 자료를 보면 다민이가 좋아하는 동물이 무엇인지 알 수 있습니다.
> ㉡ 자료와 표 중에서 다민이네 반 전체 학생 수를 쉽게 알 수 있는 것은 자료입니다.
> ㉢ 표를 보면 좋아하는 동물별 학생 수를 쉽게 알 수 있습니다.

(　　　　　)

15~17 교실에 있는 공깃돌 수를 조사하여 표로 나타냈습니다. 물음에 답해 보세요.

색깔별 공깃돌 수

색깔	노란색	파란색	초록색	분홍색	합계
공깃돌 수(개)	5	7	3	7	22

15 표를 보고 ✕를 이용하여 그래프로 나타내어 보세요.

색깔별 공깃돌 수

7				
6				
5				
4				
3				
2				
1				
공깃돌 수(개) / 색깔	노란색	파란색	초록색	분홍색

AI가 뽑은 정답률 낮은 **문제**

16 파란색과 초록색 공깃돌 중 어느 것이 몇 개 더 많은지 차례대로 써 보세요.

🔗99쪽 유형2

(,)

17 공깃돌이 처음에 색깔별로 7개씩 있었다면 없어진 공깃돌은 무슨 색깔이고, 몇 개가 없어졌는지 ☐ 안에 알맞은 수나 말을 써넣으세요.

| ☐ |색 공깃돌 ☐ 개,
| ☐ |색 공깃돌 ☐ 개가
없어졌습니다.

18~20 진이네 학교 2학년 1반과 2반 학생들이 체험 학습으로 가고 싶은 장소를 조사하여 표로 나타냈습니다. 물음에 답해 보세요.

1반 학생들이 가고 싶은 장소별 학생 수

장소	식물원	미술관	농장	공원	합계
학생 수(명)		4	3	7	20

2반 학생들이 가고 싶은 장소별 학생 수

장소	식물원	미술관	농장	공원	합계
학생 수(명)	5		2		23

AI가 뽑은 정답률 낮은 **문제** 서술형

18 식물원에 가고 싶은 1반 학생 수와 미술관에 가고 싶은 2반 학생 수가 같을 때 표를 완성하려고 합니다. 풀이 과정을 쓰고 표를 완성해 보세요.

🔗101쪽 유형6

풀이 ▶

AI가 뽑은 정답률 낮은 **문제**

19 1반과 2반에서 가장 많은 학생들이 가고 싶은 체험 학습 장소를 각각 써 보세요.

🔗101쪽 유형5

1반 ( )
2반 ( )

20 1반과 2반 학생들이 같이 갈 체험 학습 장소를 정해 보세요.

( )

5 단원

🔗 2회 12번 🔗 4회 9번

유형 1 그래프를 보고 합계 구하기

성범이네 반 학생들이 좋아하는 전통 놀이를 조사하여 그래프로 나타냈습니다. 성범이네 반 학생은 모두 몇 명인지 써 보세요.

좋아하는 전통 놀이별 학생 수

학생 수(명) / 전통 놀이	비사 치기	투호	제기 차기	공기 놀이
7		○		
6	○	○		
5	○	○		
4	○	○	○	
3	○	○	○	
2	○	○	○	○
1	○	○	○	○

(   )

❶Tip 좋아하는 전통 놀이별로 ○의 수를 세어 모두 더해요.

1-1 지영이네 반 학생들이 좋아하는 채소를 조사하여 그래프로 나타냈습니다. 지영이네 반 학생은 모두 몇 명인지 써 보세요.

좋아하는 채소별 학생 수

학생 수(명) / 채소	당근	오이	시금치	콩나물
8	/			
7	/			
6	/	/		
5	/	/		
4	/	/		/
3	/	/		/
2	/	/	/	/
1	/	/	/	/

(   )

1-2 옷장에 있는 티셔츠를 조사하여 그래프로 나타냈습니다. 옷장에 있는 티셔츠는 모두 몇 장인지 써 보세요.

색깔별 티셔츠 수

색깔 / 티셔츠 수(장)	1	2	3	4	5	6	7	8	9
보라색	○	○	○						
파란색	○	○	○	○					
노란색	○	○							
주황색	○	○	○	○	○	○	○	○	○
빨간색	○	○	○						

(   )

1-3 가영이네 모둠 학생들이 일주일 동안 읽은 책 수를 조사하여 그래프로 나타냈습니다. 용식이와 윤희가 읽은 책 수가 같을 때, 가영이네 모둠 학생들이 일주일 동안 읽은 책은 모두 몇 권인지 써 보세요.

학생별 읽은 책 수

책 수(권) / 이름	가영	용식	정후	윤희
5	×			
4	×			
3	×		×	
2	×	×	×	
1	×	×	×	

(   )

@ 3회 14번 | @ 4회 16번

유형 2 그래프를 보고 두 항목의 차 구하기

연필꽂이에 있는 학용품 수를 조사하여 그래프로 나타냈습니다. 연필은 색연필보다 몇 자루 더 많은지 구해 보세요.

연필꽂이에 있는 학용품 수

학용품 수(자루)	연필	사인펜	색연필	볼펜
5	○			
4	○			
3	○		○	○
2	○	○	○	○
1	○	○	○	○

( )

❶ Tip 그래프에서 ○의 수를 세어요.

2-1 효연이네 반 학생들의 모둠별 단체 줄넘기 기록을 조사하여 그래프로 나타냈습니다. 3모둠은 1모둠보다 단체 줄넘기를 몇 개 더 많이 했는지 구해 보세요.

모둠별 단체 줄넘기 기록

기록(개)	1모둠	2모둠	3모둠	4모둠
10			×	
9			×	
8			×	
7		×	×	
6		×	×	×
5		×	×	×
4	×	×	×	×
3	×	×	×	×
2	×	×	×	×
1	×	×	×	×

( )

2-2 1월부터 5월까지의 미세 먼지 나쁨 날수를 조사하여 그래프로 나타냈습니다. 3월은 2월보다 미세 먼지 나쁨 날수가 며칠 더 많은지 구해 보세요.

월별 미세 먼지 나쁨 날수

월\날수(일)	1	2	3	4	5	6	7	8	9
5월	○	○							
4월	○	○							
3월	○	○	○	○	○	○	○	○	○
2월	○	○	○	○					
1월	○	○							

( )

2-3 선재네 반 학생 22명이 좋아하는 꽃을 조사하여 그래프로 나타냈습니다. 벚꽃을 좋아하는 학생은 장미를 좋아하는 학생보다 몇 명 더 많은지 구해 보세요.

좋아하는 꽃별 학생 수

학생 수(명)\꽃	카네이션	장미	민들레	벚꽃
8				/
7				/
6	/			/
5	/			/
4	/			/
3	/		/	/
2	/		/	/
1	/		/	/

( )

유형 3 (2회 13번) 그래프를 보고 표로 나타내기

주사위를 15번 던져서 나온 눈의 수를 조사하여 그래프로 나타냈습니다. 그래프를 보고 표로 나타내어 보세요.

주사위 눈의 수별 나온 횟수

4						/
3			/		/	/
2	/	/		/	/	
1	/	/	/	/	/	/
횟수(회) \ 눈의 수	1	2	3	4	5	6

주사위 눈의 수별 나온 횟수

눈의 수	1	2	3	4	5	6	합계
횟수(회)							

❶ Tip 그래프에서 가로는 눈의 수, 세로는 나온 횟수를 나타낸다는 것을 이용해서 눈의 수별 나온 횟수를 알아봐요.

3 -1 연경이가 3월부터 6월까지 읽은 책 수를 조사하여 그래프로 나타냈습니다. 그래프를 보고 표로 나타내어 보세요.

월별 읽은 책 수

6월	○	○	○	○	○	○	○	○	○
5월	○	○	○	○	○	○	○		
4월	○	○	○	○	○				
3월	○	○	○						
월 \ 책 수(권)	1	2	3	4	5	6	7	8	9

월별 읽은 책 수

월	3월	4월	5월	6월	합계
책 수(권)					

유형 4 (1회 18번) 표를 보고 가장 많은 항목의 수와 가장 적은 항목의 수의 차 구하기

어느 가게에서 하루 동안 판매한 음료수 수를 조사하여 표로 나타냈습니다. 가장 많이 판매한 음료수 수와 가장 적게 판매한 음료수 수의 차는 몇 잔인지 구해 보세요.

판매한 음료수 수

종류	우유	수정과	주스	식혜	합계
음료수 수(잔)	60	30	40	50	180

( )

❶ Tip 먼저 가장 많이 판매한 음료수와 가장 적게 판매한 음료수를 찾아요.

4 -1 네 마을의 자전거 수를 조사하여 표로 나타냈습니다. 자전거가 가장 많은 마을의 자전거 수와 가장 적은 마을의 자전거 수의 차는 몇 대인지 구해 보세요.

마을별 자전거 수

마을	영웅	해님	별님	장군	합계
자전거 수(대)	25	51	44	36	156

( )

🔗 4회 19번

유형 5 각각의 표를 보고 가장 많은 (적은) 항목 알아보기

준호네 학교 2학년 3반과 4반 학생들이 좋아하는 간식을 조사하여 표로 나타냈습니다. 3반과 4반에서 가장 많은 학생들이 좋아하는 간식을 각각 써 보세요.

3반 학생들이 좋아하는 간식별 학생 수

간식	과자	빵	과일	떡	합계
학생 수(명)	9	5	7	1	22

4반 학생들이 좋아하는 간식별 학생 수

간식	과자	빵	과일	떡	합계
학생 수(명)	7	2	8	3	20

3반 (   ), 4반 (   )

❶Tip 학생 수를 비교하여 좋아하는 학생이 가장 많은 것을 찾아요.

5 -1 서중이네 모둠과 소희네 모둠이 가지고 있는 구슬 수를 조사하여 표로 나타냈습니다. 두 모둠에서 가장 적게 가지고 있는 구슬의 색깔을 각각 써 보세요.

서중이네 모둠이 가지고 있는 색깔별 구슬 수

색깔	파란색	초록색	분홍색	노란색	합계
구슬 수(개)	12	8	9	16	45

소희네 모둠이 가지고 있는 색깔별 구슬 수

색깔	파란색	초록색	분홍색	노란색	합계
구슬 수(개)	7	10	15	14	46

서중이네 모둠 (   )
소희네 모둠 (   )

🔗 1회 12번 🔗 4회 18번

유형 6 조건을 보고 표 완성하기

수한이네 반 학생 19명이 받고 싶은 선물을 조사하여 표로 나타냈습니다. 표를 완성해 보세요.

받고 싶은 선물별 학생 수

선물	옷	학용품	게임기	책	합계
학생 수(명)		5	9	1	19

❶Tip 각 선물별 학생 수를 모두 더해서 19가 되어야 해요.

6 -1 어느 케이크 가게에서 하루 동안 판매한 케이크를 조사하여 표로 나타냈습니다. 판매한 초콜릿 케이크 수가 딸기 케이크 수의 2배일 때, 표를 완성해 보세요.

판매한 케이크 수

종류	초콜릿	치즈	생크림	딸기	합계
케이크 수(개)			5	3	20

6 -2 시간표를 보고 과목별 수업 수를 조사하여 표로 나타냈습니다. 통합 수업 수가 수학 수업 수의 2배일 때, 표를 완성해 보세요.

과목별 수업 수

수업	국어	수학	통합	창체	합계
수업 수(회)	7			4	23

유형 7 표와 그래프 완성하기

🔗 1회 20번

화단에 있는 꽃의 수를 조사하여 나타낸 표와 그래프입니다. 표와 그래프를 완성해 보세요.

종류별 꽃의 수

종류	백일홍	과꽃	수국	백합	합계
꽃의 수 (송이)		3	4		11

종류별 꽃의 수

4				
3				○
2				○
1	○			○
꽃의 수(송이) / 종류	백일홍	과꽃	수국	백합

❶Tip 표와 그래프를 비교하여 비어 있는 항목의 수를 구해요.

7-1 봉지에 들어 있는 사탕 수를 조사하여 나타낸 표와 그래프입니다. 표와 그래프를 완성해 보세요.

색깔별 사탕 수

색깔	빨간색	노란색	하늘색	주황색	합계
사탕 수 (개)		1		4	10

색깔별 사탕 수

4				
3			/	
2		/		/
1		/		/
사탕 수(개) / 색깔	빨간색	노란색	하늘색	주황색

7-2 지우네 반 학생들의 취미를 조사하여 나타낸 표와 그래프입니다. 표와 그래프를 완성해 보세요.

취미별 학생 수

취미	독서	운동	영화 감상	음악 감상	합계
학생 수(명)		1		6	15

취미별 학생 수

6				
5	×			
4	×			
3	×		×	
2	×		×	
1	×		×	
학생 수(명) / 취미	독서	운동	영화 감상	음악 감상

7-3 어느 가게에서 판매한 붕어빵 수를 조사하여 나타낸 표와 그래프입니다. 표와 그래프를 완성해 보세요.

판매한 종류별 붕어빵 수

종류	팥	슈크림	고구마	치즈	합계
붕어빵 수(개)	8			4	

판매한 종류별 붕어빵 수

치즈								
고구마	/	/						
슈크림	/	/	/	/	/	/	/	
팥								
종류 / 붕어빵 수(개)	1	2	3	4	5	6	7	8

유형 8 ⌘ 3회 16, 19번

조건을 보고 그래프 완성하기

보경이네 반 학생 18명이 여행하고 싶은 나라를 조사하여 그래프로 나타냈습니다. 그래프를 완성해 보세요.

여행하고 싶은 나라별 학생 수

학생 수(명) \ 나라	스페인	미국	일본	이탈리아
7				
6				
5				○
4				○
3	○		○	○
2	○		○	○
1	○		○	○

❶**Tip** 각 나라별 학생 수를 모두 더해서 18이 되어야 해요.

8-1 영희네 반 학생 20명이 좋아하는 계절을 조사하여 그래프로 나타냈습니다. 봄을 좋아하는 학생 수와 가을을 좋아하는 학생 수가 같을 때, 그래프를 완성해 보세요.

좋아하는 계절별 학생 수

학생 수(명) \ 계절	봄	여름	가을	겨울
7				
6				
5				
4		/		
3		/		
2		/		/
1		/		/

8-2 서후네 모둠 학생들이 일주일 동안 줄넘기 연습을 한 횟수를 조사하여 그래프로 나타냈습니다. 서후네 모둠 학생들의 줄넘기 연습 횟수의 합이 17회이고, 규리가 연습한 횟수는 서후가 연습한 횟수의 2배일 때, 그래프를 완성해 보세요.

학생별 줄넘기 연습 횟수

횟수(회) \ 이름	서후	규리	차민	도연
6				
5				×
4				×
3			×	×
2			×	×
1			×	×

8-3 어느 옷 가게에서 판매한 옷의 수를 조사하여 그래프로 나타냈습니다. **조건**을 보고 그래프를 완성해 보세요.

판매한 종류별 옷의 수

종류 \ 옷의 수(장)	1	2	3	4	5	6
원피스	○	○				
반바지	○		○	○		○
청바지						
티셔츠						

┌ 조건 ┐
• 판매한 티셔츠의 수는 원피스의 수의 3배입니다.
• 판매한 원피스의 수와 청바지의 수의 합은 5장입니다.

103

6

규칙 찾기

규칙 찾기

개념 1 무늬에서 규칙 찾기

◆ 반복되는 규칙 찾기

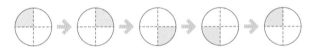

- ○, △, □가 반복되는 규칙이 있습니다.
- 파란색, 노란색, [　]색이 반복되는 규칙이 있습니다.

◆ 돌아가는 규칙 찾기

연두색으로 색칠되어 있는 부분이 시계 방향으로 돌아가는 규칙이 있습니다.

개념 2 쌓은 모양에서 규칙 찾기

파란색 쌓기나무가 있고, 쌓기나무 [　]개가 아래쪽, 위쪽으로 번갈아 가며 나타나는 규칙이 있습니다.

개념 3 덧셈표에서 규칙 찾기

+	0	1	2	3
0	0	1	2	3
1	1	2	3	4
2	2	3	4	5
3	3	4	5	6

- 오른쪽으로 갈수록 1씩 커지는 규칙이 있습니다.
- 아래쪽으로 내려갈수록 1씩 커지는 규칙이 있습니다.
- ↘ 방향으로 갈수록 [　]씩 커지는 규칙이 있습니다.

개념 4 곱셈표에서 규칙 찾기

×	1	2	3	4
1	1	2	3	4
2	2	4	6	8
3	3	6	9	12
4	4	8	12	16

- ▨으로 색칠한 수들은 오른쪽으로 갈수록 3씩 커지는 규칙이 있습니다.
- ▨으로 색칠한 수들은 아래쪽으로 내려갈수록 [　]씩 커지는 규칙이 있습니다.

개념 5 생활에서 규칙 찾기

계산기에 있는 수들은 오른쪽으로 갈수록 [　]씩 커지는 규칙이 있습니다.

정답 ❶ 빨간 ❷ 1 ❸ 2 ❹ 4 ❺ 1

01~02 덧셈표에서 규칙을 찾아 ☐ 안에 알맞은 수를 써넣으세요.

+	2	3	4	5	6	7
2	4	5	6	7	8	9
3	5	6	7	8	9	10
4	6	7	8	9	10	11
5	7	8	9	10	11	12
6	8	9	10	11	12	13
7	9	10	11	12	13	14

01 ☐으로 색칠한 수는 아래쪽으로 내려갈수록 ☐씩 커지는 규칙이 있습니다.

02 ☐으로 색칠한 수는 오른쪽으로 갈수록 ☐씩 커지는 규칙이 있습니다.

03 규칙에 따라 쌓기나무를 쌓았습니다. ☐ 안에 알맞은 수를 써넣으세요.

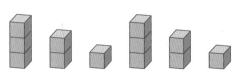

쌓기나무가 3층, ☐층, ☐층으로 반복되는 규칙이 있습니다.

04 덧셈표에서 ◆에 알맞은 수는 어느 것인가요? ( )

+	3	4	5	6	7
3	6	7	8	9	10
4	7	8	9	10	11
5	8	9	10	11	12
6	9	10	11	12	13
7	10	11	12	◆	14

① 10 ② 11 ③ 12
④ 13 ⑤ 14

05~07 그림을 보고 물음에 답해 보세요.

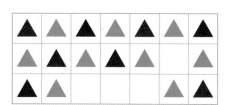

05 반복되는 무늬를 찾아 색칠해 보세요.

06 빈칸을 완성해 보세요.

07 ▲는 1로, ▲는 2로, ▲는 3으로 나타내어 보세요.

08 규칙을 찾아 알맞게 색칠하려고 합니다. 마지막 그림에서 색칠해야 할 곳을 모두 찾아 기호를 써 보세요.

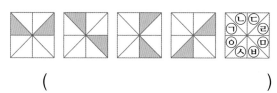

(   )

09 규칙에 따라 쌓기나무를 쌓았습니다. 다음에 이어질 모양에 쌓을 쌓기나무는 모두 몇 개인지 구해 보세요.

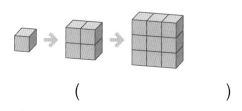

(   )

10~11 덧셈표를 보고 물음에 답해 보세요.

+	1			
1		4		8
3			8	
5				
				14

AI가 **뽑은** 정답률 낮은 **문제**

10 덧셈표를 완성해 보세요.

🔗122쪽
유형 **9**

🖊서술형

11 덧셈표에서 규칙을 2가지 찾아 써 보세요.

규칙 ▶

_____

_____

_____

12~13 곱셈표를 보고 물음에 답해 보세요.

×	2	4	6	8
2	4	8	12	16
4	8	16	㉠	32
6	12	24	36	㉡
8	16	32	48	64

12 곱셈표에서 ㉠과 ㉡에 알맞은 수의 합을 구해 보세요.

(   )

13 곱셈표에서 찾을 수 있는 규칙을 바르게 설명한 것의 기호를 써 보세요.

> ㉠ 곱셈표에 있는 수들은 모두 짝수입니다.
> ㉡ 오른쪽으로 갈수록 4씩 커지는 규칙이 있습니다.

(   )

AI가 **뽑은** 정답률 낮은 **문제**

14 규칙을 찾아 마지막 시계가 나타내는 시각은 몇 시 몇 분인지 구해 보세요.

🔗119쪽
유형 **3**

(   )

15 규칙에 따라 쌓기나무를 쌓았습니다. 4층으로 쌓으려면 쌓기나무는 모두 몇 개 필요한지 구해 보세요. (단, 뒤에 가려진 쌓기나무는 없습니다.)

(   )

16 덧셈표에서 파란색으로 칠한 곳 중에서 잘못된 곳에 ○표 해 보세요.

+	3			
2	5	9		17
5	8		16	
	11	15	20	23
	14	18	22	

17 규칙에 따라 빈칸에 들어갈 자음자와 모음자를 차례대로 찾아 단어를 만들어 보세요.

ㄱ	ㅊ	ㅠ	ㅣ	ㄱ	ㅊ	ㅠ	ㅣ	ㄱ
ㅊ	ㅠ	ㅣ		ㅊ		ㅣ	ㄱ	
ㅠ			ㄱ	ㅊ	ㅠ	ㅣ		ㅊ	ㅠ

(   )

18 규칙에 따라 오른쪽과 같이 쌓기나무를 쌓았습니다. 1층의 쌓기나무가 25개인 모양으로 쌓았을 때 쌓은 쌓기나무는 모두 몇 개인지 구해 보세요. (단, 뒤에 가려진 쌓기나무는 없습니다.)

(   )

AI가 뽑은 정답률 낮은 문제   📝서술형

19 📎118쪽 유형2

곱셈표에서 규칙을 찾아 ♥에 알맞은 수를 구하려고 합니다. 풀이 과정을 쓰고 답을 구해 보세요.

	36	42
	42	
♥		56

풀이 ▶

_____

_____

_____

답 ▶

_____

AI가 뽑은 정답률 낮은 문제

20 📎122쪽 유형8

규칙에 따라 바둑돌을 놓았습니다. 다음에 이어질 모양에는 흰색 바둑돌과 검은색 바둑돌 중 어느 바둑돌이 더 많이 놓이는지 구해 보세요.

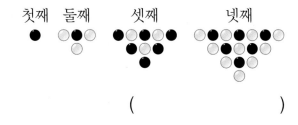

첫째   둘째   셋째   넷째

(   )

01~03 곱셈표를 보고 물음에 답해 보세요.

×	2	3	4	5	6	7
2	4	6	8	10	12	14
3	6	9	12	15	18	
4	8	12	16		24	28
5	10	15	20	25		35
6	12	18		30	36	42
7	14	21	28	35	42	49

01 곱셈표에서 빈칸에 알맞은 수를 써넣으세요.

02 ☐ 안에 알맞은 수를 써넣으세요.

> ▨으로 색칠한 수는 아래쪽으로 내려갈수록 ☐씩 커지는 규칙이 있습니다.

03 ☐ 안에 알맞은 수를 써넣으세요.

> ▨으로 색칠한 수는 오른쪽으로 갈수록 ☐씩 커지는 규칙이 있습니다.

04 규칙을 찾아 ☐ 안에 알맞은 모양을 그리고 색칠해 보세요.

05 규칙에 따라 ☐ 안에 알맞은 모양을 찾아 차례대로 기호를 써 보세요.

♣ ♠ ♣ ♠ ♣ ♠ ♣ ♠ ☐ ♠ ♣ ☐

㉠ ♣	㉡ ♣	㉢ ♠	㉣ ♠

(,   )

06 계산기 숫자 버튼에 있는 규칙을 찾아 ☐ 안에 알맞은 수를 써넣으세요.

> ▨으로 색칠한 수는 ↗ 방향으로 갈수록 ☐씩 커지는 규칙이 있습니다.

07 규칙을 찾아 ☐ 안에 알맞은 모양을 그리려고 합니다. 바르게 그린 사람은 누구인지 이름을 써 보세요.

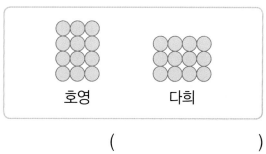

호영   다희

(   )

6 단원

08 주어진 **규칙**이 있는 곱셈표의 기호를 써 보세요.

> **규칙**
> 곱셈표에 있는 수들은 모두 짝수입니다.

㉠
×	2	3	4
2	4	6	8
3	6	9	12
4	8	12	16

㉡
×	2	4	6
2	4	8	12
4	8	16	24
6	12	24	36

( )

09~10 규칙에 따라 쌓기나무를 쌓았습니다. 물음에 답해 보세요.

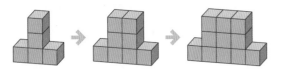

09 쌓기나무가 몇 개씩 늘어나는지 구해 보세요.

( )

10 다음에 이어질 모양에 쌓을 쌓기나무는 모두 몇 개인지 구해 보세요.

( )

11 별이네 집은 14층이라고 합니다. 별이가 집에 가기 위해 눌러야 하는 엘리베이터 버튼을 찾아 기호를 써 보세요.

( )

AI가 뽑은 정답률 낮은 문제

12

🔗 122쪽
유형 **8**

12 규칙에 따라 사과와 포도를 놓았습니다. ☐ 안에 알맞은 과일을 써 보세요.

( )

13~14 덧셈표를 보고 물음에 답해 보세요.

+	4	5	6	7
4	8	9	10	11
5	9	10	11	12
6	㉠	11	12	13
7	11	12	㉡	14

13 덧셈표에서 ㉠과 ㉡에 알맞은 수의 합을 구해 보세요.

( )

14 덧셈표에서 찾을 수 있는 규칙을 찾아 기호를 써 보세요.

> ㉠ ▨으로 색칠한 수는 위쪽으로 올라갈수록 1씩 커지는 규칙이 있습니다.
> ㉡ 파란색 선을 따라 접었을 때 만나는 수는 서로 같습니다.
> ㉢ ▨으로 색칠한 수는 ↘ 방향으로 갈수록 1씩 커지는 규칙이 있습니다.

( )

15~16 서울에서 강릉으로 가는 버스 시간표입니다. 물음에 답해 보세요.

회차	출발 시각
1	오전 6:50
2	오전 8:10
3	오전 9:30
4	오전 10:50
5	
6	

서술형

15 버스 시간표에서 찾을 수 있는 규칙을 써 보세요.

규칙

_____

_____

AI가 뽑은 정답률 낮은 문제

16 규칙을 찾아 6회 버스의 출발 시각은 오후 몇 시 몇 분인지 구해 보세요.

119쪽 유형 4

( )

서술형

17 규칙에 따라 쌓기나무 6개를 쌓았습니다. 4층으로 쌓으려면 쌓기나무는 모두 몇 개 필요한지 풀이 과정을 쓰고 답을 구해 보세요.

풀이

_____

_____

답

_____

AI가 뽑은 정답률 낮은 문제

18 덧셈표에서 규칙을 찾아 ㉠, ㉡, ㉢, ㉣에 알맞은 수 중에서 가장 큰 수와 가장 작은 수의 차를 구해 보세요.

118쪽 유형 1

	16				
16	18	㉠			
	㉡				

		14		20
		㉢	20	22
				㉣

( )

AI가 뽑은 정답률 낮은 문제

19 지난달의 달력을 찢으려다 잘못하여 여러 장을 찢었습니다. 6월 아래로 보이는 달력은 몇 월의 달력인지 구해 보세요.

120쪽 유형 5

			6월			
일	월	화	수	목	금	토
					1	2
3	4	5	6	7	8	9
10	11	12	13	14	15	16
19	20	21	22	23	24	25
26	27	28	29	30	31	

( )

AI가 뽑은 정답률 낮은 문제

20 상자를 규칙에 따라 색칠했습니다. 14번째 상자를 찾아 기호를 써 보세요.

122쪽 유형 8

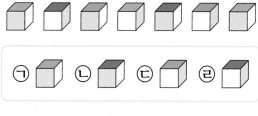

( )

6 단원

01 규칙에 따라 쌓기나무를 쌓았습니다. □ 안에 알맞은 수를 써넣으세요.

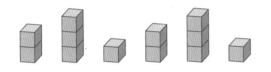

쌓기나무가 2층, □층, □층 으로 반복되는 규칙이 있습니다.

02~03 덧셈표를 보고 물음에 답해 보세요.

+	2	4	6	8	10
2	4	6	8	10	12
4	6	8	10	12	14
6	8	10	12	14	16
8	10	12	14	㉠	㉡
10	12	14	16	㉢	㉣

02 ㉠, ㉡, ㉢, ㉣에 알맞은 수를 각각 구해 보세요.

㉠ (   ), ㉡ (   ),
㉢ (   ), ㉣ (   )

03 ▨으로 색칠한 수의 규칙을 찾아 □ 안에 알맞은 수를 써넣으세요.

아래쪽으로 내려갈수록 □씩 커지는 규칙이 있습니다.

04 규칙에 따라 모양을 놓았습니다. 반복되는 모양은 어느 것인가요? (   )

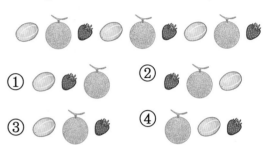

05~06 곱셈표를 보고 물음에 답해 보세요.

×	3	4	5	6	7
3	9	12	15	18	21
4	12	16	20	㉠	28
5	15	20	25	30	35
6	18	㉡	30	36	42
7	㉢	28	35	42	49

05 ㉠, ㉡, ㉢ 중에서 알맞은 수가 다른 하나를 찾아 기호를 써 보세요.

(   )

06 ▨으로 색칠한 수는 아래쪽으로 내려갈수록 몇씩 커지는지 구해 보세요.

(   )

07 규칙에 따라 다음에 그려야 하는 삼각형은 모두 몇 개인지 구해 보세요.

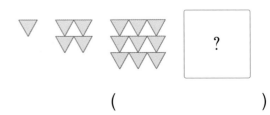

?

(   )

08 팔찌의 규칙을 찾아 빈 곳에 꿰어야 하는 구슬의 기호를 알맞게 써넣으세요.

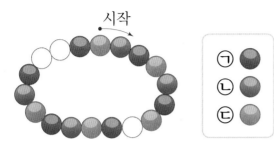

시작

㉠	●
㉡	●
㉢	●

09 아래층으로 내려갈수록 2개씩 늘어나는 규칙으로 쌓은 사람은 누구인지 이름을 써 보세요.

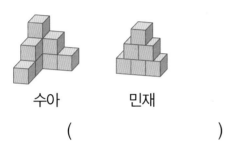

수아   민재

(   )

10~11 덧셈표를 보고 물음에 답해 보세요.

+	1			
1		4		
4	4			
			10	12
7				14

⚡ AI가 뽑은 정답률 낮은 문제

10 덧셈표를 완성해 보세요.

🔗 122쪽
유형 9

11 알맞은 말에 ○표 해 보세요.

╱ 선 위의 수는 모두
(같습니다 , 다릅니다).

12~13 곱셈표를 보고 물음에 답해 보세요.

×	3	5	7
3	9		
5			
7			49

12 파란색 선 위의 수의 규칙으로 알맞은 것의 기호를 써 보세요.

㉠ ╱ 방향으로 4씩 커집니다.
㉡ 파란색 선 위에 있는 수들은 모두 홀수입니다.

(   )

13 곱셈표에서 찾을 수 있는 규칙을 바르게 말한 사람에 ○표 해 보세요.

곱셈표에 있는 수들은 모두 홀수 입니다.

⬛으로 색칠한 수들은 오른쪽으로 갈수록 3씩 커집니다.

(   )   (   )

⚡ AI가 뽑은 정답률 낮은 문제

14 곱셈표에서 규칙을 찾아 빈칸에 알맞은 수를 써넣으세요.

🔗 118쪽
유형 2

×	1	2	3	4	5	...
1	1	2	3	4	5	
2	2	4	6	8	10	
3	3	6	9	12	15	
4	4	8	12	16	20	
5	5	10	15	20		

35	40	
42	48	

6
단원

113

15~17 11월 달력의 일부분입니다. 물음에 답해 보세요.

11월

일	월	화	수	목	금	토
				1	2	3	4
5	6	7	8	9		
12	13	14	15			

✏️서술형

15 11월의 금요일인 날짜를 모두 쓰려고 합니다. 풀이 과정을 쓰고 답을 구해 보세요.

풀이▶

_____

_____

답▶

_____

16 보경이가 친구를 생일에 초대하고 있습니다. 대화를 보고 보경이의 생일이 며칠인지 구해 보세요.

> 11월 넷째 금요일이 내 생일이야. 우리 집에 놀러 와.

보경

( )

⚡AI가 **뽑은** 정답률 낮은 **문제**

17 같은 해 12월 10일은 무슨 요일인지 구해 보세요.

📎120쪽 유형 5

( )

✏️서술형

18 규칙에 따라 연결 모형으로 모양을 만들었습니다. 다음에 이어질 모양을 만드는 데 필요한 연결 모형은 모두 몇 개인지 풀이 과정을 쓰고 답을 구해 보세요.

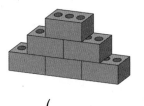

풀이▶

_____

_____

_____

답▶

_____

19 규칙에 따라 벽돌을 쌓았습니다. 쌓은 벽돌이 모두 21개일 때 몇 층으로 쌓은 것인지 구해 보세요.

( )

⚡AI가 **뽑은** 정답률 낮은 **문제**

20 하준이는 규칙에 따라 구슬을 꿰어 목걸이를 만들려고 합니다. 31번째 구슬은 무슨 색깔인지 구해 보세요.

📎121쪽 유형 7

빨간색 파란색

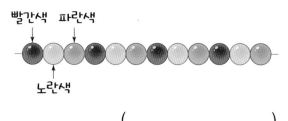

노란색

( )

📎118~123쪽에서 같은 유형의 문제를 더 풀 수 있어요.

점수

01 규칙을 찾아 ○를 알맞게 그려 넣으세요.

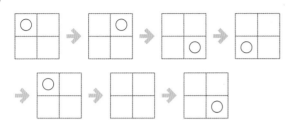

02 옷 무늬에서 규칙을 찾아 □ 안에 알맞은 말을 써넣으세요.

빨간색
초록색
노란색

> 빨간색, 초록색, [   ]이 반복되는 규칙이 있습니다.

03 규칙에 따라 쌓기나무를 쌓았습니다. □ 안에 알맞은 수를 써넣으세요.

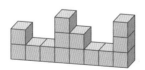

> 쌓기나무가 왼쪽에서 오른쪽으로 2개, □개, □개, □개씩 반복되는 규칙이 있습니다.

04~05 곱셈표를 보고 물음에 답해 보세요.

×	2	4	6	8
2	4	8	12	
4	8		24	32
6	12	24	36	48
8		32	48	64

04 ▦으로 색칠한 수의 규칙을 찾아 □ 안에 알맞은 수를 써넣으세요.

> 아래쪽으로 내려갈수록 [   ]씩 커지는 규칙이 있습니다.

05 곱셈표의 빈칸에 공통으로 들어갈 수를 구해 보세요.

(   )

06~07 그림을 보고 물음에 답해 보세요.

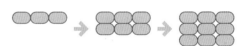

06 다음에 이어질 모양에 ○표 해 보세요.

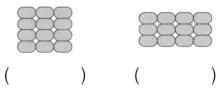

(   )   (   )

07 규칙을 찾아 알맞은 말에 ○표 하고, □ 안에 알맞은 수를 써넣으세요.

> ⬭이 (아래쪽 , 오른쪽)으로 □개씩 늘어나는 규칙이 있습니다.

6
단원

08~09 그림을 보고 물음에 답해 보세요.

●	●	●	●	●	●	●	●	●	●
●	●	●	●	●	●	●	●	●	●
●	●	●	●	●	●	●	●	●	●
●	●	●	●	●	●	●	□	●	●

08 규칙을 찾아 □ 안에 알맞은 모양을 찾아 기호를 써 보세요.

> ㉠ ●　　㉡ ●　　㉢ ●

(　　　　　　　　)

09 ●는 1로, ●는 2로, ●는 3으로 나타내려고 합니다. 빈칸에 알맞은 수들의 합을 구해 보세요.

1	2	3	1	2	3	1	2	3	1
2	3	1	2	3	1		3	1	2
3	1	2	3	1	2	3		2	3
1	2			2	3	1	2	3	1

(　　　　　　　　)

10 규칙에 따라 구슬을 꿰고 있습니다. ㉠, ㉡, ㉢에 꿰어야 하는 구슬의 색을 써 보세요.

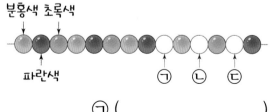

㉠ (　　　　　　　　)

㉡ (　　　　　　　　)

㉢ (　　　　　　　　)

11 규칙에 따라 쌓기나무를 쌓았습니다. 다음에 이어질 모양에 쌓을 쌓기나무는 모두 몇 개인지 구해 보세요.

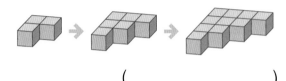

(　　　　　　　　)

AI가 뽑은 정답률 낮은 문제

12 덧셈표에서 규칙을 찾아 빈칸에 알맞은 수를 써넣으세요.

*118쪽
유형 1

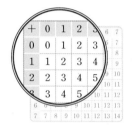

8	9	10
9	10	

13~14 규칙에 따라 쌓기나무를 쌓았습니다. 물음에 답해 보세요.

  ?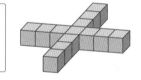

13 규칙을 바르게 말한 사람에 ○표 해 보세요.

> 쌓기나무가 4개씩 늘어납니다.

> 쌓기나무가 3개씩 늘어납니다.

(　　　　　) (　　　　　)

14 빈칸에 들어갈 모양을 만드는 데 필요한 쌓기나무는 모두 몇 개인지 구해 보세요.

(　　　　　　　　)

15~16 덧셈표를 보고 물음에 답해 보세요.

+	6	7	
6		14	
	13	㉠	㉡
	14		
9			18

15 덧셈표에서 ㉠에 알맞은 수와 같은 수가 있는 곳은 모두 몇 칸인지 구해 보세요. (단, ㉠이 있는 칸은 세지 않습니다.)

( )

16 덧셈표에서 ㉡에 알맞은 수보다 더 큰 수가 있는 칸은 모두 몇 칸인지 구해 보세요.

( )

AI가 **뽑은** 정답률 낮은 문제 　　　　🖊서술형

17 규칙에 따라 시곗바늘이 움직일 때 일곱 번째 시계의 긴바늘이 가리키는 숫자는 무엇인지 풀이 과정을 쓰고 답을 구해 보세요.

📎119쪽 유형3

풀이 ▶
_____

_____

답 ▶
_____

18~19 어느 영화관의 자리입니다. 물음에 답해 보세요.

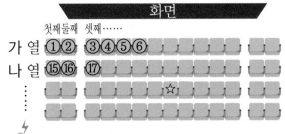

AI가 **뽑은** 정답률 낮은 문제

18 윤희의 자리는 다 열 다섯째 자리입니다. 윤희가 앉을 의자의 번호는 몇 번일지 구해 보세요.

📎120쪽 유형6

( )

AI가 **뽑은** 정답률 낮은 문제

19 용식이는 ☆ 자리에 앉았고, 진선이는 용식이 바로 뒤에 앉았습니다. 진선이가 앉은 의자의 번호는 몇 번인지 구해 보세요.

📎120쪽 유형6

( )

AI가 **뽑은** 정답률 낮은 문제 　　　　🖊서술형

20 곱셈표를 완성하고, 규칙을 찾아 써 보세요.

📎123쪽 유형10

×	3		5	6
3	9			
			16	20
				30
	18			

규칙 ▶
_____

_____

2회 18번　*4회 12번*

유형 1 덧셈표에서 규칙을 찾아 빈칸 채우기

덧셈표에서 규칙을 찾아 빈칸에 알맞은 수를 써넣으세요.

12	13	
13	14	15
14		16

❶Tip
12	13	
13	14	15
14		16
에서 으로 색칠한 수는 오른쪽으로 갈수록 1씩 커져요.

1-1 덧셈표에서 규칙을 찾아 빈칸에 알맞은 수를 써넣으세요.

30	33	
33		39
	39	

1-2 덧셈표에서 규칙을 찾아 ㉠과 ㉡에 알맞은 수의 합을 구해 보세요.

		40
36	40	㉠
40	㉡	48
	48	

(　　　　　　　)

1회 19번　*3회 14번*

유형 2 곱셈표에서 규칙을 찾아 빈칸 채우기

곱셈표에서 규칙을 찾아 빈칸에 알맞은 수를 써넣으세요.

24	28	
30	35	40
		48

❶Tip
24	28	
30	35	40
	48	
에서 으로 색칠한 수는 오른쪽으로 갈수록 5씩 커져요.

2-1 곱셈표에서 규칙을 찾아 빈칸에 알맞은 수를 써넣으세요.

15			
	24	28	32
	30	35	

2-2 곱셈표에서 규칙을 찾아 ㉠과 ㉡에 알맞은 수의 합을 구해 보세요.

	24	30	
21	28	35	㉠
24	32	40	48
27	36	㉡	

(　　　　　　　)

유형 3 시계에서 규칙 찾기

🔗 1회 14번 🔗 4회 17번

규칙을 찾아 마지막 시계가 나타내는 시각은 몇 시 몇 분인지 구해 보세요.

9:20 ➡ 9:50 ➡ 10:20 ➡ 10:50 ➡ [:]

( )

❶Tip 9시 20분과 9시 50분, 9시 50분과 10시 20분, 10시 20분과 10시 50분은 각각 몇 분 차이인지 구해요.

3-1 규칙을 찾아 마지막 시계가 나타내는 시각은 몇 시 몇 분인지 구해 보세요.

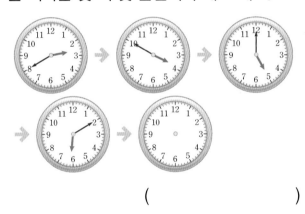

( )

3-2 규칙을 찾아 일곱 번째 시계의 긴바늘이 가리키는 숫자를 구해 보세요.

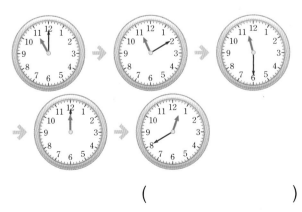

( )

유형 4 시간표에서 규칙을 찾아 ▲ 번째 시각 구하기

🔗 2회 16번

서울에서 제주로 가는 비행기 시간표입니다. 규칙을 찾아 6회 비행기의 출발 시각은 오후 몇 시 몇 분인지 구해 보세요.

회차	출발 시각
1	오전 10:30
2	오전 11:35
3	오후 12:40
4	오후 1:45
5	
6	

( )

❶Tip 오전 10시 30분과 오전 11시 35분, 오전 11시 35분과 오후 12시 40분, 오후 12시 40분과 오후 1시 45분은 각각 몇 시간 몇 분 차이인지 구해요.

4-1 구리에서 구미로 가는 버스 시간표입니다. 규칙을 찾아 6회 버스의 출발 시각은 오후 몇 시 몇 분인지 구해 보세요.

회차	출발 시각
1	오전 7:00
2	오전 9:20
3	오전 11:40
4	
5	
6	

( )

6단원

⊘ 2회 19번 ⊘ 3회 17번

유형 5 달력에서 규칙을 찾아 요일 구하기

어느 해 3월 달력의 일부분입니다. 이달의 마지막 날은 무슨 요일인지 구해 보세요.

\	3월	\	\	\	\	\
일	월	화	수	목	금	토
			1	2	3	4
5	6	7	8			

(   )

❶Tip 같은 요일은 며칠마다 반복되는지 알아 봐요.

5-1 어느 해 4월 달력의 일부분입니다. 같은 해 5월 10일은 무슨 요일인지 구해 보세요.

\	4월	\	\	\	\	\
일	월	화	수	목	금	토
						1
2	3	4	5	6	7	8
9	10					

(   )

5-2 준희가 친구를 생일에 초대하고 있습니다. 대화를 보고 준희의 생일은 무슨 요일인지 구해 보세요.

\	5월	\	\	\	\	\
일	월	화	수	목	금	토
	1	2	3	4	5	6
7	8					

이번 달의 마지막 날이 내 생일이야. 우리 집에 놀러 와.

준희

(   )

⊘ 4회 18, 19번

유형 6 자리에서 규칙 찾기

어느 영화관의 자리입니다. 도윤이의 의자 번호는 30번입니다. 도윤이의 자리는 어느 열 몇째 자리인지 구해 보세요.

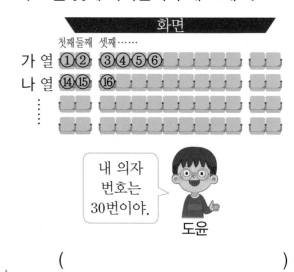

내 의자 번호는 30번이야.

도윤

(   )

❶Tip 영화관의 의자 번호는 같은 줄에서 오른쪽으로 갈수록 몇씩 커지고, 뒤로 갈수록 몇씩 커지는지 알아봐요.

6-1 어느 공연장의 자리입니다. 민정이의 자리는 다 열 아홉째 자리입니다. 민정이가 앉을 의자의 번호는 몇 번인지 구해 보세요.

내 자리는 다 열 아홉째 자리야.

민정

(   )

6-2 어느 공연장의 자리입니다. 하리는 △ 자리에 앉았고, 두리는 하리의 바로 뒤에 앉았습니다. 두리가 앉은 의자의 번호는 몇 번인지 구해 보세요.

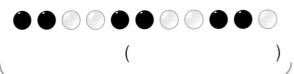

(   )

유형 7 *3회 20번* **●번째에 놓이는 것 구하기**

규칙에 따라 바둑돌을 놓았습니다. 30번째에 놓이는 바둑돌은 흰색, 검은색 중 무슨 색깔인지 구해 보세요.

●●○○●●○○●●○

(   )

❶Tip 바둑돌의 색깔이 반복되는 규칙을 알아봐요.

7-1 규칙에 따라 공을 놓았습니다. 15번째에 놓이는 공은 축구공, 배구공, 야구공 중 어느 공인지 구해 보세요.

(   )

7-2 규칙에 따라 쌓기나무를 쌓았습니다. 21번째 모양으로 알맞은 것을 찾아 기호를 써 보세요.

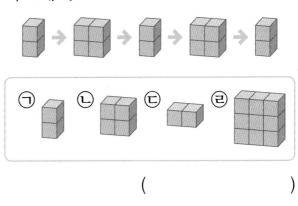

(   )

7-3 규칙에 따라 전구를 놓았습니다. 21번째에 놓이는 전구는 무슨 색깔인지 구해 보세요.

빨간색 파란색 초록색

(   )

7-4 규칙에 따라 도형을 색칠하였습니다. 19번째 모양에는 몇 칸을 색칠해야 하는지 구해 보세요.

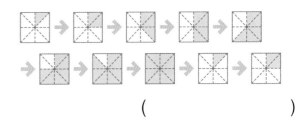

(   )

⊘ 1회 20번 ⊘ 2회 12, 20번

유형 8 두 가지 규칙을 찾아 문제 해결하기

규칙에 따라 한글 자음자 카드를 놓았습니다. 다음에 이어질 카드의 자음자와 색깔을 차례대로 써 보세요.

검은색 흰색

(,   )

❶ Tip 카드의 자음자는 어떤 자음자가 반복되는지, 색깔은 어떤 색깔이 반복되는지 각각 알아봐요.

8-1 규칙에 따라 수 카드를 놓았습니다. 10번째에 놓을 카드의 수와 색깔을 차례대로 써 보세요.

| 2 | 4 | 6 | 8 | 10 | 12 |

분홍색 연두색 하늘색

(,   )

8-2 상자를 규칙에 따라 그림과 같이 색칠했습니다. 11번째 상자는 어느 것인가요?

(   )

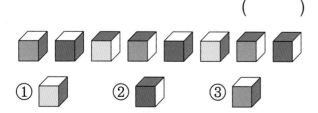

⊘ 1회 10번 ⊘ 3회 10번

유형 9 덧셈표 완성하기

덧셈표를 완성해 보세요.

+	1		7	
1		5		
			11	14
	8			
10				

❶ Tip 두 수의 합을 이용하여 색칠된 칸의 수를 먼저 구해요.

9-1 덧셈표를 완성해 보세요.

+	1		5	7	
2				8	
	6				
5	8				
				14	16
					18

9-2 덧셈표를 완성해 보세요.

+	2				10
		6	8		
		6		12	
6		10	14		
		10			
			16		20

9-3 덧셈표를 완성하고, 규칙을 찾아 써 보세요.

+		10	14	18
2				
6				
	12		20	
		20	24	
				32

규칙▶

_____

_____

_____

10-1 곱셈표를 완성해 보세요.

×	2	4		
	4		12	
			24	
				48
8		32		64

10-2 곱셈표를 완성해 보세요.

×			5	7	
1	1				
	3	9			
			25		
		21			63
					81

---

6 단원

유형 10 곱셈표 완성하기 @ 4회 20번

곱셈표를 완성해 보세요.

×	2			5
2			8	
		9		
4		12		
				25

❶Tip 두 수의 곱을 이용하여 색칠된 칸의 수를 먼저 구해요.

10-3 곱셈표를 완성하고, 규칙을 찾아 써 보세요.

×		4	5		
	9				
		16			
5	15				
	18			36	42
					49

규칙▶

_____

_____

_____

MEMO

아이와 평생
함께할 습관을
만듭니다.

아이스크림 홈런 2.0
공부를 좋아하는 습관

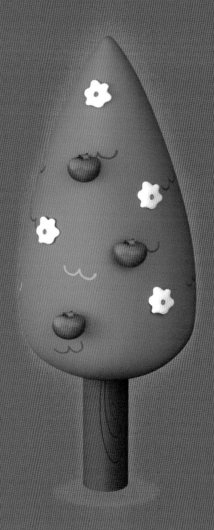

기본을 단단하게
나만의 속도로
무엇보다 재미있게

i-Scream edu

아이스크림 더 실전

정답 및 풀이

수학

2·2

i-Scream edu

정답 및 풀이

6~8쪽 **AI가 추천한 단원 평가** 1회

01 1000, 천　02 7000　03 수지
04 3743, 3843, 3943, 4043
05 6000, 900, 10, 3
06 2, 4, 0, 7 / 2, 3, 7, 1 / >　07 ②
08 2000, 오천, 구천　09 10씩
10 9084, 구천팔십사　11 빨간 장미
12 8000원　13 40명　14 하늘 마을
15 ㉣, ㉢　16 풀이 참고, 5000개
17 8331　18 풀이 참고, 6개
19 6587, 6588, 6589　20 3807

05 6913의 천의 자리 숫자 6은 6000, 백의 자리 숫자 9는 900, 십의 자리 숫자 1은 10, 일의 자리 숫자 3은 3을 나타냅니다.
따라서 6913=6000+900+10+3입니다.

07 ② 900보다 10만큼 더 큰 수는 910입니다.

08 • 이천을 수로 쓰면 2000입니다.
• 5000은 오천이라고 읽습니다.
• 9000은 구천이라고 읽습니다.

11 4352와 4378의 천의 자리, 백의 자리 수가 각각 같으므로 십의 자리 수를 비교하면 4352<4378입니다.
따라서 빨간 장미가 더 많습니다.

12 1000이 8개이면 8000입니다.
따라서 희원이가 낸 돈은 8000원입니다.

13 1000은 960보다 40만큼 더 큰 수입니다.
따라서 앞으로 40명이 더 입장할 수 있습니다.

14 천의 자리 수를 비교하면 3046이 가장 큽니다.
1562와 1590의 천의 자리, 백의 자리 수가 같으므로 십의 자리 수를 비교하면 1562<1590으로 가장 작은 수는 1562입니다.
따라서 자전거 수가 가장 적은 마을은 하늘 마을입니다.

15 숫자 7이 나타내는 값을 각각 알아봅니다.
㉠ 5471 ➡ 70　㉡ 2708 ➡ 700
㉢ 3567 ➡ 7　㉣ 7860 ➡ 7000
따라서 숫자 7이 나타내는 값이 가장 큰 수는 ㉣ 7860이고, 가장 작은 수는 ㉢ 3567입니다.

16 예 100이 10개이면 1000이므로 100이 50개이면 5000입니다.
따라서 50봉지에 들어 있는 땅콩은 모두 5000개입니다.」❶

채점 기준

❶ 땅콩은 모두 몇 개인지 구하기	5점

17 100이 11개인 수는 1000이 1개, 100이 1개인 수와 같고, 10이 23개인 수는 100이 2개, 10이 3개인 수와 같습니다.
따라서 1000이 8개, 100이 3개, 10이 3개, 1이 1개인 수는 8331입니다.

18 예 천의 자리 숫자가 5000을 나타내므로 천의 자리 숫자는 5입니다.」❶
천의 자리 숫자가 5인 네 자리 수를 5□□□라 하고 □ 안에 남은 수 카드의 수를 한 번씩 넣습니다.
따라서 천의 자리 숫자가 5000을 나타내는 네 자리 수는 5721, 5712, 5271, 5217, 5172, 5127로 모두 6개입니다.」❷

채점 기준

❶ 천의 자리 숫자가 5임을 알기	1점
❷ 천의 자리 숫자가 5인 네 자리 수의 개수 구하기	4점

19 천의 자리 숫자가 6, 백의 자리 숫자가 5, 십의 자리 숫자가 8인 네 자리 수를 658□라고 하면 6586<658□이므로 □ 안에 들어갈 수 있는 수는 7, 8, 9입니다.
따라서 구하는 수는 6587, 6588, 6589입니다.

20 2453부터 2853으로 4번 뛰어 세어 백의 자리 수가 4만큼 커졌으므로 100씩 뛰어 센 것입니다. 3407부터 100씩 4번 뛰어 세면
3407 – 3507 – 3607 – 3707 – 3807입니다.
따라서 3407부터 100씩 4번 뛰어 센 수는 3807입니다.

정답 및 풀이

9~11쪽 AI가 추천한 단원 평가 2회

01 1000
02 4000, 사천
03 육천오백칠십
04 3729
05 5, 5000 / 6, 600 / 2, 20 / 4, 4
06 (   )(○)
07 8봉지
08 ㉡
09 민호
10 2개
11 78
12 3000권
13 오
14 3병
15 민준, 예은, 강우
16 풀이 참고, 300원
17 2089
18 8500원
19 >
20 풀이 참고, 4613

07 8000은 1000이 8개입니다.
따라서 한 봉지에 1000개씩 들어 있는 구슬을 8봉지 사야 합니다.

09 ・100이 10개인 수는 1000입니다.
・999보다 1만큼 더 큰 수는 1000입니다.
・900보다 100만큼 더 작은 수는 800입니다.
・990보다 10만큼 더 큰 수는 1000입니다.

10 8647>7585   8647<8720
8647>8619   8647<8697
따라서 8647보다 작은 수는 7585, 8619로 모두 2개입니다.

11 ㉠이 나타내는 값은 80이고, ㉡이 나타내는 값은 2입니다.
따라서 ㉠이 나타내는 값과 ㉡이 나타내는 값의 차는 80-2=78입니다.

12 100이 10개이면 1000이므로 100이 30개이면 3000입니다.
따라서 30상자에 들어 있는 공책은 모두 3000권입니다.

13 1000이 4개, 100이 17개, 10이 5개, 1이 4개인 수는 5754입니다.
5754는 오천칠백오십사라고 읽습니다.

14 주스 한 병이 3000원이므로 3000씩 뛰어 세면 3000-6000-9000입니다.
따라서 9700원으로 주스를 3병까지 살 수 있습니다.

15 천의 자리 수부터 비교하면 9510이 가장 크고, 8740과 8880의 백의 자리 수를 비교하면 8740<8880이므로 가장 작은 수는 8740입니다.
따라서 돈을 많이 가지고 있는 사람부터 차례대로 이름을 쓰면 민준, 예은, 강우입니다.

16 예 10원짜리 동전이 10개이면 100원이므로 민정이가 가지고 있는 돈은 700원입니다.」❶
따라서 1000은 700보다 300만큼 더 큰 수이므로 민정이가 음료수 한 병을 사려면 300원이 더 있어야 합니다.」❷

채점 기준	
❶ 민정이가 가지고 있는 돈은 얼마인지 구하기	2점
❷ 음료수 한 병을 사려면 얼마가 더 있어야 하는지 구하기	3점

17 1000이 1개, 100이 2개, 10이 8개, 1이 9개인 수는 1289입니다. 1289부터 200씩 4번 뛰어 세면 1289-1489-1689-1889-2089입니다.
따라서 1289부터 200씩 4번 뛰어 센 수는 2089입니다.

18 1000원짜리 지폐가 7장이면 7000원이고, 100원짜리 동전이 15개이면 1500원입니다.
따라서 지영이가 낸 돈은 모두 8500원입니다.

19 5□01의 □ 안에 가장 큰 수인 9를 넣고 59△2의 △ 안에 가장 작은 수인 0을 넣어도 5901보다 5902가 더 큽니다.
따라서 어떤 수를 넣어도 59△2가 5□01보다 항상 큽니다.

20 예 어떤 수는 4883부터 100씩 거꾸로 3번 뛰어 센 것과 같습니다. 4883부터 100씩 거꾸로 3번 뛰어 세면 4883-4783-4683-4583이므로 어떤 수는 4583입니다.」❶
따라서 4583부터 10씩 3번 뛰어 세면 4583-4593-4603-4613이므로 바르게 뛰어 센 수는 4613입니다.」❷

채점 기준	
❶ 어떤 수 구하기	3점
❷ 바르게 뛰어 센 수 구하기	2점

01 1000

02 1, 3, 5, 7, 1357, 천삼백오십칠

03 3085　　04 4806, 5806, 6806

05 ·　　06 ㉡　　07 100씩

08 6802, 6812, 6832　　09 ㉡

10 예솔　　11 ㉠　　12 ③

13 ②　　14 7장, 4개　　15 0, 1, 2

16 2, 6　　17 풀이 참고, 8603

18 3847　　19 6265

20 풀이 참고, 9681

04 1000씩 뛰어 세면 천의 자리 수가 1씩 커집니다.

05 수 모형이 나타내는 수는 600이고, 1000은 600보다 400만큼 더 큰 수입니다.

06 숫자 6이 나타내는 값을 각각 알아봅니다.
　㉠ 2468 ➡ 60　㉡ 9671 ➡ 600
　㉢ 8365 ➡ 60
　따라서 숫자 6이 나타내는 값이 다른 하나는 ㉡입니다.

07 백의 자리 수가 1씩 커지므로 100씩 뛰어 센 것입니다.

08 십의 자리 수가 1씩 커지므로 10씩 뛰어 센 것입니다.
　6782 - 6792 - 6802 - 6812 - 6822 - 6832
　따라서 빈칸에 알맞은 수는 6802, 6812, 6832 입니다.

09 천의 자리 수부터 비교하면 ㉡ 6193이 가장 큽니다.

10 • 천 모형이 2개이므로 2000입니다.
　• 백 모형이 10개이면 1000이므로 백 모형이 20개이면 2000입니다.
　• 백 모형이 10개이면 1000입니다.
　따라서 다른 수를 말한 사람은 예솔이입니다.

11 ㉠ 구천오백사십을 수로 쓰면 9540입니다.
　㉡ 구천육십칠을 수로 쓰면 9067입니다.
　9540과 9067의 천의 자리 수가 같으므로 백의 자리 수를 비교하면 9540 > 9067입니다.

12 숫자 5가 나타내는 값을 각각 알아봅니다.
　① 5678 ➡ 5000　② 8015 ➡ 5
　③ 1582 ➡ 500　④ 2654 ➡ 50
　⑤ 4725 ➡ 5
　따라서 숫자 5가 나타내는 값이 두 번째로 큰 수는 ③ 1582입니다.

13 100이 10개이면 1000이므로 100이 50개이면 5000입니다.
　따라서 50상자에 들어 있는 지우개는 모두 5000개입니다.

14 7400은 1000이 7개, 100이 4개인 수입니다.
　따라서 1000원짜리 지폐 7장과 100원짜리 동전 4개를 내야 합니다.

15 천의 자리, 십의 자리 수가 같고, 일의 자리는 6 > 5이므로 □ = 2이거나 2 > □입니다.
　따라서 □ 안에 들어갈 수 있는 수는 0, 1, 2 입니다.

16 4563은 1000이 4개, 100이 5개, 10이 6개, 1이 3개인 수입니다.
　100이 25개인 수는 1000이 2개, 100이 5개인 수와 같으므로 4563은 1000이 2개, 100이 25개, 10이 6개, 1이 3개인 수로 나타낼 수 있습니다.

17 예 어떤 수는 9103부터 100씩 거꾸로 5번 뛰어 센 것과 같습니다. ❶
　9103부터 100씩 거꾸로 5번 뛰어 세면 9103 - 9003 - 8903 - 8803 - 8703 - 8603입니다.
　따라서 어떤 수는 8603입니다. ❷

채점 기준	
❶ 어떤 수 구하는 방법 알기	2점
❷ 어떤 수 구하기	3점

18 천의 자리 숫자가 3, 십의 자리 숫자가 4, 일의 자리 숫자가 7인 네 자리 수를 3□47이라 할 때 두 번째로 큰 수를 만들려면 □ 안에 두 번째로 큰 수인 8을 넣습니다.

따라서 천의 자리 숫자가 3, 십의 자리 숫자가 4, 일의 자리 숫자가 7인 네 자리 수 중에서 두 번째로 큰 수는 3847입니다.

19 백의 자리 숫자가 200을 나타내므로 백의 자리 숫자는 2입니다.

천의 자리 숫자와 십의 자리 숫자는 백의 자리 숫자보다 4만큼 더 크므로 6입니다.

일의 자리 숫자는 5를 나타내므로 일의 자리 숫자는 5입니다.

따라서 구하는 수는 6265입니다.

20 **예** 십의 자리 숫자가 8인 네 자리 수는 □□8□로 나타낼 수 있습니다.」❶

남은 수 카드의 수를 비교하면 9>6>1이므로 천의 자리부터 □ 안에 큰 수를 차례대로 넣으면 9681입니다.

따라서 십의 자리 숫자가 8인 가장 큰 네 자리 수는 9681입니다.」❷

채점 기준

❶ 십의 자리 숫자가 8인 네 자리 수를 □를 이용하여 나타내기	2점
❷ 십의 자리 숫자가 8인 가장 큰 네 자리 수 만들기	3점

15~17쪽 **AI가 추천한 단원 평가** **4회**

01 5000	02 1000, 천	03 3000
04 800	05 3375, 3675, 3775	
06 <	07 4214, 사천이백십사	
08 ㉢	09 990, 999	10 시우
11 24	12 ⑤	13 6000원
14 9590원	15 2658	
16 5294, 4592		
17 풀이 참고, ㉠	18 6510	
19 풀이 참고, 5684	20 3개	

08 ㉠ 1000이 9개인 수는 9000입니다.

㉡ 구천을 수로 쓰면 9000입니다.

㉢ 100이 90개인 수는 9000입니다.

따라서 나타내는 수가 다른 하나는 ㉢입니다.

09 ·□는 1000보다 10만큼 더 작은 990입니다.

·□는 1000보다 1만큼 더 작은 999입니다.

11 7124의 천의 자리 숫자 7은 7000, 백의 자리 숫자 1은 100, 십의 자리 숫자 2는 20, 일의 자리 숫자 4는 4를 나타냅니다.

7124=7000+100+20+4이므로 ㉠에 알맞은 수는 20이고, ㉡에 알맞은 수는 4입니다.

따라서 ㉠과 ㉡에 알맞은 수의 합은 20+4=24입니다.

12 ① 1702   ② 5031   ③ 4110
④ 6909   ⑤ 2400

따라서 수로 나타내었을 때 숫자 0이 가장 많은 것은 ⑤입니다.

13 1000이 6개이면 6000이므로 여림이네 가족이 낸 성금은 모두 6000원입니다.

14 매일 1000원씩 저금하므로 4590부터 1000씩 5번 뛰어 세면 4590 - 5590 - 6590 - 7590 - 8590 - 9590입니다.

따라서 5일 후 저금통에 들어 있는 돈은 9590원입니다.

15 100이 16개인 수는 1000이 1개, 100이 6개인 수와 같습니다.

따라서 1000이 2개, 100이 6개, 10이 5개, 1이 8개인 수는 2658입니다.

16 십의 자리 숫자가 90을 나타내므로 십의 자리 숫자는 9입니다. 십의 자리 숫자가 9인 네 자리 수를 □□9□라 하고 □ 안에 남은 수 카드의 수를 한 번씩 넣습니다.

따라서 십의 자리 숫자가 90을 나타내는 네 자리 수는 5492, 5294, 4592, 4295, 2594, 2495입니다.

17 예 200씩 뛰어 세면 백의 자리 수가 2씩 커집니다. 4820부터 200씩 3번 뛰어 세면 4820 – 5020 – 5220 – 5420이므로 ㉠은 5420입니다.」❶

500씩 뛰어 세면 백의 자리 수가 5씩 커집니다. 2315부터 500씩 6번 뛰어 세면 2315 – 2815 – 3315 – 3815 – 4315 – 4815 – 5315이므로 ㉡은 5315입니다.」❷

5420과 5315의 천의 자리 수가 같으므로 백의 자리 수를 비교하면 5420＞5315이므로 나타내는 수가 더 큰 것은 ㉠입니다.」❸

채점 기준	
❶ ㉠이 나타내는 수 구하기	2점
❷ ㉡이 나타내는 수 구하기	2점
❸ 나타내는 수가 더 큰 것 구하기	1점

18 가장 큰 수를 만들려면 천의 자리부터 큰 수를 차례대로 놓습니다. 수 카드의 수를 비교하면 6＞5＞1＞0입니다.
따라서 가장 큰 네 자리 수는 6510입니다.

19 예 십의 자리 수가 1씩 작아지므로 2670부터 10씩 거꾸로 뛰어 센 것입니다.」❶
같은 방법으로 5724부터 10씩 거꾸로 4번 뛰어 세면 5724 – 5714 – 5704 – 5694 – 5684이므로 5724부터 10씩 거꾸로 4번 뛰어 센 수는 5684입니다.」❷

채점 기준	
❶ 뛰어 센 규칙 구하기	2점
❷ 5724부터 10씩 거꾸로 4번 뛰어 센 수 구하기	3점

20 • 7347＞73♥5에서 천의 자리, 백의 자리 수가 같고, 일의 자리는 7＞5이므로 ♥＝4이거나 4＞♥입니다. 따라서 ♥에 들어갈 수 있는 수는 0, 1, 2, 3, 4입니다.
• 68♥3＜6831에서 천의 자리, 백의 자리 수가 같고, 일의 자리는 3＞1이므로 ♥＜3입니다. 따라서 ♥에 들어갈 수 있는 수는 0, 1, 2입니다.
➡ ♥에 공통으로 들어갈 수 있는 수는 0, 1, 2로 모두 3개입니다.

18~23쪽 **틀린 유형 다시 보기**

유형 1 5000, 200, 60, 8
1-1 6000, 700, 20, 4　　**1-2** 600, 9
유형 2 3000장　**2-1** 8000개　**2-2** ③
2-3 2000　**유형 3** 2829　**3-1** 6854
3-2 4191　**3-3** 4580원　**유형 4** 1씩
4-1 10씩　**4-2** 2088
4-3 3037, 4037, 5037　　**유형 5** ㉡
5-1 관악산　**5-2** 영호, 지영, 연아
유형 6 400원　**6-1** ✕　**6-2** 70명

유형 7 예 9230, 3209
7-1 8152, 8125　　**7-2** 4개
유형 8 6204, 5204, 4204
8-1 5053, 4953, 4853　　**8-2** 8725
8-3 10씩　**유형 9** 7, 8, 9　**9-1** 4개
9-2 7, 8, 9　**유형 10** 2570　**10-1** 9249
10-2 7255　**10-3** 3776
유형 11 9648, 9649　　**11-1** 8044
11-2 1859　**유형 12** 8653　**12-1** 1245
12-2 8571　**12-3** 4692

유형 1 5268의 천의 자리 숫자 5는 5000을, 백의 자리 숫자 2는 200을, 십의 자리 숫자 6은 60을, 일의 자리 숫자 8은 8을 나타냅니다.
따라서 5268＝5000＋200＋60＋8입니다.
참고 ▓▲●★＝▓000＋▲00＋●0＋★

1-1 6724의 천의 자리 숫자 6은 6000을, 백의 자리 숫자 7은 700을, 십의 자리 숫자 2는 20을, 일의 자리 숫자 4는 4를 나타냅니다.
따라서 6724＝6000＋700＋20＋4입니다.

1-2 8659의 천의 자리 숫자 8은 8000을, 백의 자리 숫자 6은 600을, 십의 자리 숫자 5는 50을, 일의 자리 숫자 9는 9를 나타냅니다.
따라서 8659＝8000＋600＋50＋9이므로 ㉠에 알맞은 수는 600이고, ㉡에 알맞은 수는 9입니다.

유형 2 100이 10개이면 1000이므로 100이 30개
이면 3000입니다.
따라서 판매한 색종이는 모두 3000장입니다.

2-1 100이 10개이면 1000이므로 100이 80개
이면 8000입니다.
따라서 80상자에 들어 있는 클립은 모두
8000개입니다.

2-2 100이 10개이면 1000이므로 100이 60개
이면 6000입니다.
따라서 60봉지에 들어 있는 도토리는 모두
6000개입니다.

2-3 100이 10개이면 1000이므로 100이 20개
이면 2000입니다.
따라서 예준이가 나타낸 수는 2000입니다.

유형 3 100이 18개인 수는 1000이 1개, 100이 8개
인 수와 같습니다.
따라서 1000이 2개, 100이 8개, 10이 2개,
1이 9개인 수는 2829입니다.

3-1 100이 17개인 수는 1000이 1개, 100이 7개
인 수와 같고, 10이 15개인 수는 100이 1개,
10이 5개인 수와 같습니다.
따라서 1000이 6개, 100이 8개, 10이 5개,
1이 4개인 수는 6854입니다.

3-2 100이 20개인 수는 1000이 2개인 수와 같
고, 10이 19개인 수는 100이 1개, 10이 9개
인 수와 같습니다.
따라서 1000이 4개, 100이 1개, 10이 9개,
1이 1개인 수는 4191입니다.

3-3 100원짜리 동전이 15개이면 1000원짜리
지폐 1장, 100원짜리 동전 5개인 돈과 같
습니다.
따라서 용식이가 가지고 있는 돈은 4580원
입니다.

유형 4 일의 자리 수가 1씩 커지므로 1씩 뛰어 센
것입니다.

4-1 십의 자리 수가 1씩 커지므로 10씩 뛰어 센
것입니다.

4-2 백의 자리 수가 1씩 커지므로 100씩 뛰어
센 것입니다.
1588 - 1688 - 1788 - 1888 - 1988 - 2088
따라서 ★에 알맞은 수는 2088입니다.

4-3 천의 자리 수가 1씩 커지므로 1000씩 뛰어
센 것입니다.
1037 - 2037 - 3037 - 4037 - 5037 - 6037

유형 5 천의 자리 수를 비교하면 ㉡ 7213이 가장
큽니다.

5-1 천의 자리 수부터 비교하면 6019가 가장
크고, 5412와 5821의 백의 자리 수를 비교
하면 5412<5821이므로 가장 작은 수는
5412입니다. 따라서 등산객 수가 가장 적
은 산은 관악산입니다.

5-2 천의 자리 수부터 비교하면 2090이 가장
크고, 1322와 1840의 백의 자리 수를 비교
하면 1322<1840이므로 가장 작은 수는
1322입니다.
따라서 포인트를 많이 적립한 사람부터 차례
대로 이름을 쓰면 영호, 지영, 연아입니다.

유형 6 10원짜리 동전이 10개이면 100원이므로
600원이 있습니다. 1000은 600보다 400만
큼 더 큰 수이므로 400원이 더 있어야 합
니다.

6-1 • 1000은 500보다 500만큼 더 큰 수입니다.
• 1000은 300보다 700만큼 더 큰 수입니다.
• 1000은 800보다 200만큼 더 큰 수입니다.

6-2 1000은 930보다 70만큼 더 큰 수입니다.
따라서 앞으로 70명이 더 받을 수 있습니다.

유형 7 백의 자리 숫자가 200을 나타내므로 백의
자리 숫자는 2입니다. 백의 자리 숫자가 2인
네 자리 수를 □2□□라 하고 □ 안에 남
은 수 카드의 수를 한 번씩 넣습니다.
천의 자리에는 0을 쓸 수 없으므로 백의 자
리 숫자가 200을 나타내는 네 자리 수는
9230, 9203, 3290, 3209입니다.

7-1 백의 자리 숫자가 100을 나타내므로 백의 자리 숫자는 1입니다. 천의 자리 숫자가 8이고, 백의 자리 숫자가 1인 네 자리 수를 81□□라 하고 □ 안에 남은 수 카드의 수를 한 번씩 넣습니다.
따라서 천의 자리 숫자가 8이고, 백의 자리 숫자가 100을 나타내는 네 자리 수는 8152, 8125입니다.

7-2 백의 자리 숫자가 6인 네 자리 수를 □6□□라 하고 □ 안에 남은 수 카드의 수를 한 번씩 넣습니다.
천의 자리에는 0을 쓸 수 없으므로 백의 자리 숫자가 6인 네 자리 수는 7610, 7601, 1670, 1607로 모두 4개입니다.

유형 8 1000씩 거꾸로 뛰어 세면 천의 자리 수가 1씩 작아집니다.

8-1 100씩 거꾸로 뛰어 세면 백의 자리 수가 1씩 작아집니다.

8-2 1씩 거꾸로 뛰어 세면 일의 자리 수가 1씩 작아집니다.
8729 - 8728 - 8727 - 8726 - 8725 - 8724
따라서 ★에 알맞은 수는 8725입니다.

8-3 십의 자리 수가 1씩 작아지므로 10씩 거꾸로 뛰어 센 것입니다.

유형 9 천의 자리, 백의 자리 수가 같고, 일의 자리는 7>4이므로 6<□입니다.
따라서 □ 안에 들어갈 수 있는 수는 7, 8, 9입니다.

9-1 천의 자리 수가 같고, 십의 자리는 0<1이므로 4>□입니다.
따라서 □ 안에 들어갈 수 있는 수는 0, 1, 2, 3으로 모두 4개입니다.

9-2 • 7□32>7521에서 천의 자리 수가 같고, 십의 자리는 3>2이므로 □=5이거나 □>5입니다.
따라서 □ 안에 들어갈 수 있는 수는 5, 6, 7, 8, 9입니다.
• 4972<49□3에서 천의 자리, 백의 자리 수가 같고, 일의 자리는 2<3이므로 □=7이거나 7<□입니다.
따라서 □ 안에 들어갈 수 있는 수는 7, 8, 9입니다.
➡ □ 안에 공통으로 들어갈 수 있는 수는 7, 8, 9입니다.

유형 10 10씩 뛰어 세면 십의 자리 수가 1씩 커집니다. 2520부터 10씩 5번 뛰어 세면
2520 - 2530 - 2540 - 2550 - 2560 - 2570입니다.
따라서 2520부터 10씩 5번 뛰어 센 수는 2570입니다.

10-1 100씩 뛰어 세면 백의 자리 수가 1씩 커집니다. 8849부터 100씩 4번 뛰어 세면
8849 - 8949 - 9049 - 9149 - 9249입니다.
따라서 8849부터 100씩 4번 뛰어 센 수는 9249입니다.

10-2 2000씩 뛰어 세면 천의 자리 수가 2씩 커집니다. 1255부터 2000씩 3번 뛰어 세면
1255 - 3255 - 5255 - 7255입니다.
따라서 1255부터 2000씩 3번 뛰어 센 수는 7255입니다.

10-3 1000이 3개, 100이 1개, 10이 7개, 1이 6개인 수는 3176입니다.
300씩 뛰어 세면 백의 자리 수가 3씩 커집니다. 3176부터 300씩 2번 뛰어 세면
3176 - 3476 - 3776입니다.
따라서 3176부터 300씩 2번 뛰어 센 수는 3776입니다.

유형 11 천의 자리 숫자가 9, 백의 자리 숫자가 6, 십의 자리 숫자가 4인 네 자리 수를 964□ 라고 하면 964□>9647이므로 □ 안에 들어갈 수 있는 수는 8, 9입니다.
따라서 구하는 수는 9648, 9649입니다.

11-1 천의 자리 숫자가 8, 십의 자리 숫자가 4, 일의 자리 숫자가 4인 네 자리 수를 8□44 라고 하면 8□44<8100이므로 □ 안에 들어갈 수 있는 수는 0입니다.
따라서 구하는 수는 8044입니다.

11-2 2000보다 작으므로 천의 자리 숫자는 1입니다. 백의 자리 숫자가 800을 나타내므로 백의 자리 숫자는 8입니다.
십의 자리 숫자가 오십을 나타내므로 십의 자리 숫자는 5입니다.
일의 자리 숫자는 8보다 크므로 9입니다.
따라서 구하는 수는 1859입니다.

유형 12 가장 큰 수를 만들려면 천의 자리부터 큰 수를 차례대로 놓습니다. 수 카드의 수를 비교하면 8>6>5>3입니다.
따라서 가장 큰 네 자리 수는 8653입니다.

12-1 가장 작은 수를 만들려면 천의 자리부터 작은 수를 차례대로 놓습니다. 수 카드의 수를 비교하면 1<2<4<5입니다.
따라서 가장 작은 네 자리 수는 1245입니다.

12-2 십의 자리 숫자가 7인 네 자리 수를 □□7□라 할 때 가장 큰 수를 만들려면 천의 자리부터 □ 안에 남은 수 카드 중에서 큰 수를 차례대로 넣습니다. 남은 수 카드의 수를 비교하면 8>5>1입니다.
따라서 십의 자리 숫자가 7인 가장 큰 네 자리 수는 8571입니다.

12-3 일의 자리 숫자가 2인 네 자리 수를 □□□2라 할 때 가장 작은 수를 만들려면 천의 자리부터 □ 안에 남은 수 카드 중에서 작은 수를 차례대로 넣습니다. 남은 수 카드의 수를 비교하면 4<6<9입니다.
따라서 일의 자리 숫자가 2인 가장 작은 네 자리 수는 4692입니다.

2단원 곱셈구구

26~28쪽 AI가 추천한 단원 평가 1회

01 예 / 4, 12 02 3, 21
03 ④   04 2, 3, 4, 5   05 6
06 ②   07 <   08 4, 20
09 (선 연결)   10 8, 0
11 (위에서부터) 36, 6, 9   12 1, 2, 3, 4
13 9, 3, 27   14 풀이 참고, 42개
15 0   16 (왼쪽부터) 16, 2 / 6, 24
17 풀이 참고   18 4, 12   19 16개
20 30

01 3개씩 4묶음이므로 3×4=12입니다.

02 7씩 3번 뛰어 세면 7×3=21입니다.

03 6×4는 6을 4번 더한 것과 같습니다.
따라서 6×4와 같은 것은 ④입니다.

04 1과 어떤 수의 곱은 어떤 수입니다.

05 24 30 36 42 48 54
        +6 +6 +6 +6 +6
따라서 6단 곱셈구구에서는 곱이 6씩 커집니다.

06 ▨단 곱셈구구는 곱이 ▨씩 커집니다.
따라서 곱이 5씩 커지는 곱셈구구는 5단입니다.

07 7×7=49, 9×6=54이므로
7×7<9×6입니다.

08 5개씩 묶으면 4묶음이므로 5×4=20입니다.

09 8×7=56, 8×5=40, 8×3=24

10 2×4=8, 8×0=0

11 9단 곱셈구구에서 9×4=36, 9×6=54, 9×8=72입니다.

12 $6 \times 5 = 30$이므로 ☐ 안에 알맞은 수는 5보다 작은 수이어야 합니다.

따라서 ☐ 안에 들어갈 수 있는 수는 1, 2, 3, 4입니다.

13 곱하는 두 수를 바꾸어도 곱은 같습니다.

$3 \times 9 = 27$, $9 \times 3 = 27$

14 예 한 상자에 들어 있는 야구공의 수와 상자의 수를 곱하면 되므로 6×7을 계산합니다. ➊

따라서 7상자에 들어 있는 야구공은 모두 $6 \times 7 = 42$(개)입니다. ➋

채점 기준	
➊ 7상자에 들어 있는 야구공의 수를 구하는 방법 알아보기	2점
➋ 7상자에 들어 있는 야구공의 수 구하기	3점

15 어떤 수와 0의 곱, 0과 어떤 수의 곱은 항상 0입니다.

$3 \times 0 = 0$, $0 \times 1 = 0$

따라서 ☐ 안에 공통으로 들어갈 수는 0입니다.

16 • 4씩 4번 뛰어 세면 $4 \times 4 = 16$입니다.

8씩 2번 뛰어 세면 $8 \times 2 = 16$입니다.

• 4씩 6번 뛰어 세면 $4 \times 6 = 24$입니다.

8씩 3번 뛰어 세면 $8 \times 3 = 24$입니다.

17 예 사과가 한 바구니에 5개씩 있습니다. 7바구니에 있는 사과는 모두 몇 개인가요? ➊

35개 ➋

채점 기준	
➊ 5×7에 알맞은 문제 만들기	3점
➋ 답 구하기	2점

18

$2 \times 2 = 4$(개)　$2 \times 6 = 12$(개)

19 연결 모형은 모두 $4 + 12 = 16$(개)입니다.

20 곱이 가장 크려면 가장 큰 수와 두 번째로 큰 수를 골라 두 수를 곱하면 됩니다.

수 카드의 수의 크기를 비교하면 $6 > 5 > 4 > 2$입니다.

따라서 가장 큰 곱은 $6 \times 5 = 30$입니다.

---

01 3, 6, 6, 6, 18 / (위에서부터) 6, 6, 18

02 ●●●● ○○○○ ○○○○ ○○○○

03 6, 3, 6

04 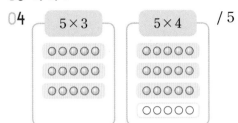 / 5

05

6	9	35	33
17	24	2	30
21	20	42	19

06 진우　　**07** (위에서부터) 28, 16, 24

08 7, 7　　**09** (　)(○)

10 8, 16, 4, 16　　　　**11** ③

12 ㉢　　**13**

×	5	6	7	8
5				
6			★	
7				
8		○		

14 예 ○○○○ ○○○○ ○○○○

15 3개　　　　**16** 28 cm

17 풀이 참고, ㉢, ㉡, ㉠

18 풀이 참고, ㉢　**19** 3, 2, 1　**20** 6상자

---

06 어떤 수와 1의 곱은 항상 어떤 수입니다.

따라서 바르게 말한 사람은 진우입니다.

08 구슬이 1개씩 7묶음 있으므로 구슬은 모두 $1 \times 7 = 7$(개)입니다.

09 $8 \times 4 = 32$, $5 \times 7 = 35$

따라서 곱이 33보다 큰 것은 5×7입니다.

10 사탕은 2개씩 8묶음이므로 $2 \times 8 = 16$(개)입니다.

사탕은 4개씩 4묶음이므로 $4 \times 4 = 16$(개)입니다.

9

11 구슬은 3개씩 8묶음, 4개씩 6묶음, 6개씩 4묶음, 8개씩 3묶음입니다.
따라서 만들 수 없는 곱셈식은 ③ 5×5입니다.

12 ㉠ 8×8=64 ㉡ 7×7=49 ㉢ 9×9=81
따라서 곱이 70보다 큰 것은 ㉢입니다.

13 ★에 알맞은 수는 6×8=48이므로 곱이 48인 곱셈구구는 8×6=48입니다.

14 4×3은 4개씩 3묶음이므로 4개씩 3묶음이 되도록 그림을 그립니다.

15 7×6=42, 7×7=49이므로 □ 안에 알맞은 수는 6보다 큰 수이어야 합니다.
따라서 □ 안에 들어갈 수 있는 수는 7, 8, 9로 모두 3개입니다.

16 블록 1개의 길이가 4 cm이므로 7개의 길이는 4×7=28(cm)입니다.

17 예 세 곱셈구구의 값을 각각 구하면
㉠ 9×5=45, ㉡ 8×6=48, ㉢ 7×7=49입니다.」❶
따라서 49>48>45이므로 곱이 큰 것부터 차례대로 기호를 쓰면 ㉢, ㉡, ㉠입니다.」❷

채점 기준	
❶ ㉠, ㉡, ㉢의 값 각각 구하기	3점
❷ 곱이 큰 것부터 차례대로 기호 쓰기	2점

18 예 ㉠ 3을 5번 더하면 3+3+3+3+3이므로 3×5=15입니다.
㉡ 3×4에 3을 더하면 12+3=15입니다.
㉢ 3×4와 3×4를 더하면 12+12=24입니다.」❶
따라서 나타내는 수가 다른 하나는 ㉢입니다.」❷

채점 기준	
❶ ㉠, ㉡, ㉢이 나타내는 수 각각 구하기	3점
❷ 나타내는 수가 다른 하나 찾기	2점

19 7단 곱셈구구에서 7×1=7, 7×2=14, 7×3=21이므로 수 카드를 사용하여 나타낸 식은 7×3=21입니다.

20 지우개는 모두 9×4=36(개)입니다.
지우개를 한 상자에 6개씩 담았을 때 상자 수를 □라고 하면 6×□=36입니다.
따라서 6×6=36이므로 지우개를 한 상자에 6개씩 담으면 6상자가 됩니다.

---

01 5, 15
02 16, 24, 40
03 0, 0
04 ④
05 4, 20
06 3개
07 35 cm
08 (선 잇기)
09 3점
10 ㉡
11 <
12 ㉣, ㉠, ㉡, ㉢
13 (위에서부터) 9, 3, 15, 45
14 풀이 참고, 84
15 7
16 4, 2, 16
17 4묶음
18 4, 6, 24(또는 6, 4, 24)
19 22개
20 풀이 참고, 32

03 꽃병 한 개에 있는 꽃은 0송이이므로 꽃병 4개에 있는 꽃을 곱셈식으로 나타내면 0×4=0입니다.

05 귤이 한 봉지에 5개씩 4봉지 있으므로 5×4=20입니다.

06 2×8=16, 2×7=14, 2×9=18
따라서 2단 곱셈구구의 값은 모두 3개입니다.

07 7 cm 막대를 5개 이어 붙였으므로 7×5=35(cm)입니다.

08 3×7=21, 6×5=30, 9×4=36, 4×9=36, 5×6=30, 7×3=21

09 1점을 3번 맞혔으므로 1×3=3(점)입니다.

10 ㉠ 0×1=0 ㉡ 1×1=1 ㉢ 1×0=0
따라서 곱이 다른 하나는 ㉡입니다.
다른 풀이 0과 어떤 수의 곱, 어떤 수와 0의 곱은 항상 0입니다.
어떤 수와 1의 곱, 1과 어떤 수의 곱은 항상 어떤 수입니다.
따라서 곱이 다른 하나는 ㉡입니다.

11 8×4=32, 6×8=48이므로
8×4<6×8입니다.

12 ㉠ 5×5=25 ㉡ 6×4=24
㉢ 7×2=14 ㉣ 9×3=27
따라서 27>25>24>14이므로 곱이 큰 것부터 차례대로 기호를 쓰면 ㉣, ㉠, ㉡, ㉢입니다.

13

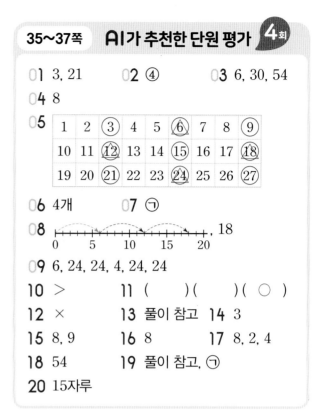

- $7 \times 9 = 63$이므로 ㉠=9입니다.
- $7 \times 3 = 21$이므로 ㉡=3입니다.
- $3 \times 5 = 15$이므로 ㉢=15입니다.
- $9 \times 5 = 45$이므로 ㉣=45입니다.

14 예 ㉠과 ㉡에 알맞은 수를 각각 구하면
㉠=$6 \times 7 = 42$, ㉡=$7 \times 6 = 42$입니다.」❶
따라서 ㉠과 ㉡에 알맞은 수의 합은
$42 + 42 = 84$입니다.」❷

채점 기준	
❶ ㉠과 ㉡에 알맞은 수 각각 구하기	3점
❷ ㉠과 ㉡에 알맞은 수의 합 구하기	2점

15 5단 곱셈구구에서 $5 \times 7 = 35$이므로 □=7입니다.

16 5개씩 4줄로 되어 있는 연결 모형에서 2개씩 2줄을 빼는 방법으로 구합니다.
$5 \times 4 = 20$에서 $2 \times 2 = 4$를 빼면 연결 모형은 $20 - 4 = 16$(개)입니다.

17 2개씩 6묶음은 $2 \times 6 = 12$입니다.
3단 곱셈구구에서 $3 \times 4 = 12$이므로 2개씩 6묶음은 3개씩 4묶음과 같습니다.

18 만들 수 있는 곱셈식은 $4 \times 6 = 24$ 또는 $6 \times 4 = 24$입니다.

19 닭의 다리는 $2 \times 3 = 6$(개)이고, 양의 다리는 $4 \times 4 = 16$(개)이므로 닭과 양의 다리는 모두 $6 + 16 = 22$(개)입니다.

20 예 4단 곱셈구구에서 나오는 수는 4, 8, 12, 16, 20, 24, 28, 32, 36이고, 이 중에서 8단 곱셈구구에도 나오는 수는 8, 16, 24, 32입니다.」❶
8, 16, 24, 32 중에서 30보다 큰 수는 32이므로 설명하는 수는 32입니다.」❷

채점 기준	
❶ 4단 곱셈구구에서 나오는 수 중에서 8단 곱셈구구에도 나오는 수 구하기	3점
❷ 설명하는 수 구하기	2점

35~37쪽 **AI가 추천한 단원 평가 4회**

01 3, 21 **02** ④ **03** 6, 30, 54

04 8

05

1	2	③	4	5	⑥	7	8	⑨
10	11	⑫	13	14	⑮	16	17	⑱
19	20	㉑	22	23	㉔	25	26	㉗

06 4개 **07** ㉠

08 ├──────────────── 18
0 5 10 15 20

09 6, 24, 24, 4, 24, 24

10 > **11** ( )( )(○)

12 × **13** 풀이 참고 **14** 3

15 8, 9 **16** 8 **17** 8, 2, 4

18 54 **19** 풀이 참고, ㉠

20 15자루

01 7개씩 3상자이므로 $7 \times 3 = 21$입니다.

02 ① $9 \times 3 = 27$ ② $9 \times 4 = 36$
③ $9 \times 5 = 45$ ⑤ $9 \times 7 = 63$
따라서 9단 곱셈구구의 값이 아닌 것은 ④입니다.

03 $6 \times 1 = 6$, $6 \times 5 = 30$, $6 \times 9 = 54$

04 ★에 알맞은 수는 $4 \times 2 = 8$입니다.

06 3단 곱셈구구의 값도 되고 6단 곱셈구구의 값도 되는 수는 ○와 △가 모두 표시된 6, 12, 18, 24로 모두 4개입니다.

07 $0 \times 5 = 0$입니다.
㉠ $0 \times 7 = 0$ ㉡ $5 \times 1 = 5$
따라서 0×5와 곱이 같은 것은 ㉠입니다.
다른 풀이 0과 어떤 수의 곱은 항상 0이므로 0×5와 곱이 같은 것은 ㉠입니다.

08 6씩 3번 뛰어 세면 $6 \times 3 = 18$입니다.

09 • 지우개는 4개씩 6묶음이므로 모두 $4 \times 6 = 24$(개)입니다.
• 지우개는 6개씩 4묶음이므로 모두 $6 \times 4 = 24$(개)입니다.

10 $8 \times 9 = 72$이므로 $8 \times 9 > 70$입니다.

11 $6 \times 6 = 36$, $4 \times 9 = 36$, $7 \times 9 = 63$
따라서 곱이 다른 하나는 7×9입니다.

12 6단 곱셈구구에서 $6 \times 5 = 30$입니다.
참고 $6 + 5 = 11$, $6 - 5 = 1$입니다.

13 방법① 예 4×5는 4씩 5번 더해서 계산합니다.
$4 \times 5 = 4 + 4 + 4 + 4 + 4 = 20$ ❶
방법② 예 4×5는 4×4에 4를 더해서 계산합니다.
$4 \times 4 = 16$
$4 \times 5 = 20$ $\bigg\}{+}4$ ❷

채점 기준	
❶ 한 가지 방법으로 계산하기	2점
❷ 다른 한 가지 방법으로 계산하기	3점

14 ㉠ $1 \times 6 = 6$ ㉡ $1 \times 9 = 9$
따라서 ㉠과 ㉡의 차는 $9 - 6 = 3$입니다.

15 $5 \times 7 = 35$, $5 \times 8 = 40$이므로 ☐ 안에 들어갈 수 있는 수는 7보다 큰 수이어야 합니다.
따라서 ☐ 안에 들어갈 수 있는 수는 8, 9입니다.

16 7단 곱셈구구에서 $7 \times 8 = 56$이므로 ☐$=8$입니다.

17 3단 곱셈구구에서 $3 \times 2 = 6$, $3 \times 4 = 12$, $3 \times 8 = 24$이므로 수 카드를 사용하여 나타낸 식은 $3 \times 8 = 24$입니다.

18 9단 곱셈구구의 수 중에서 짝수는 18, 36, 54, 72입니다.
이 중에서 50보다 크고 60보다 작은 수는 54입니다.

19 예 ㉠ $2 \times 4 = 8$이므로 ☐$=8$,
㉡ $3 \times 6 = 18$이므로 ☐$=6$,
㉢ $7 \times 2 = 14$이므로 ☐$=7$입니다. ❶
따라서 $8 > 7 > 6$이므로 ☐ 안에 알맞은 수가 가장 큰 것은 ㉠입니다. ❷

채점 기준	
❶ ☐ 안에 알맞은 수 각각 구하기	3점
❷ ☐ 안에 알맞은 수가 가장 큰 것 찾기	2점

20 진우가 가지고 있는 연필은 $3 \times 3 = 9$(자루)이고, 동생이 가지고 있는 연필은 $2 \times 3 = 6$(자루)입니다.
따라서 진우와 동생이 가지고 있는 연필은 모두 $9 + 6 = 15$(자루)입니다.

38~43쪽 **틀린 유형 다시 보기**

유형 **1** 3, 12　　**1**-1 4, 24　　**1**-2 2, 10
1-3 4, 4
유형 **2** 3, 2, 2, 2, 6 / (위에서부터) 2, 2, 6
2-1 4, 7, 7, 7, 7, 28 / (위에서부터) 7, 7, 28
유형 **3** $<$　　**3**-1 $>$　　**3**-2 ㉠
3-3 ㉠, ㉡, ㉢　　유형 **4** ㉡
4-1 ㉠, ㉢　　**4**-2 ㉢
4-3 0, 5, 0(또는 5, 0, 0)　　유형 **5** 2
5-1 7　　**5**-2 8단
유형 **6** (위에서부터) 9, 16, 25
6-1 (위에서부터) 35, 36, 42, 56
6-2 21　　유형 **7** 6, 12, 18
7-1 3개　　**7**-2 6, 18 / 3, 18
유형 **8** 5개　　**8**-1 24 cm　　**8**-2 30개
8-3 81세　　유형 **9** 6, 7
9-1 1, 2, 3, 4　　**9**-2 5
9-3 2개　　유형 **10** 5　　**10**-1 4
10-2 9　　**10**-3 5, 5　　유형 **11** 3, 1, 2
11-1 2, 1, 6　　**11**-2 7, 6, 3　　유형 **12** 6
12-1 35　　**12**-2 42

유형 **1** 4씩 3번 뛰어 세면 $4 \times 3 = 12$입니다.

1-1 6씩 4번 뛰어 세면 $6 \times 4 = 24$입니다.

1-2 구슬은 5개씩 2묶음이므로 모두 $5 \times 2 = 10$(개)입니다.

1-3 사과는 1개씩 4접시이므로 모두 $1 \times 4 = 4$(개)입니다.

참고 ■씩 ▲묶음, ■씩 ▲번 뛰어 세기, ■씩 ▲번 더하기 ➡ ■$\times$▲

유형 3 $2\times7=14$, $5\times3=15$이므로
$2\times7<5\times3$입니다.

3-1 $6\times6=36$, $8\times4=32$이므로
$6\times6>8\times4$입니다.

3-2 ㉠ $1\times3=3$ ㉡ $9\times0=0$
따라서 곱이 더 큰 것은 ㉠입니다.

3-3 ㉠ $3\times7=21$ ㉡ $6\times5=30$
㉢ $4\times8=32$
따라서 $21<30<32$이므로 곱이 작은 것부터 차례대로 기호를 쓰면 ㉠, ㉡, ㉢입니다.

유형 4 $0\times6=0$입니다.
㉠ $1\times2=2$ ㉡ $5\times0=0$
따라서 0×6과 곱이 같은 것은 ㉡입니다.
[다른 풀이] 0과 어떤 수의 곱, 어떤 수와 0의 곱은 항상 0이므로 0×6과 곱이 같은 것은 ㉡입니다.

4-1 $0\times1=0$입니다.
㉠ $1\times0=0$ ㉡ $1\times1=1$ ㉢ $0\times9=0$
따라서 0×1과 곱이 같은 것은 ㉠, ㉢입니다.

4-2 ㉠ $3\times0=0$ ㉡ $0\times8=0$ ㉢ $1\times6=6$
따라서 곱이 다른 하나는 ㉢입니다.

4-3 접시 한 개에 있는 케이크는 0조각이므로 접시 5개에 있는 케이크 수를 곱셈식으로 나타내면 $0\times5=0$입니다.

유형 5 2   4   6   8   10   12 ……
$+2$ $+2$ $+2$ $+2$ $+2$
2단 곱셈구구에서는 곱이 2씩 커집니다.

5-1 7   14   21   28   35   42 ……
$+7$ $+7$ $+7$ $+7$ $+7$
7단 곱셈구구에서는 곱이 7씩 커집니다.

5-2 곱이 8씩 커지는 곱셈구구는 8단입니다.

유형 6 $3\times3=9$, $4\times4=16$, $5\times5=25$

6-1 $5\times7=35$, $6\times6=36$, $6\times7=42$,
$7\times8=56$

6-2 ★$=8\times0=0$, ●$=7\times3=21$
따라서 ★$+$●$=0+21=21$입니다.

유형 7 3단 곱셈구구의 값은 3, 6, 9, 12, 15, 18이고, 6단 곱셈구구의 값은 6, 12, 18입니다.
따라서 3단 곱셈구구의 값도 되고 6단 곱셈구구의 값도 되는 수는 6, 12, 18입니다.
[참고] 3단 곱셈구구의 값에는 ○표, 6단 곱셈구구의 값에는 △표 해 봅니다.

1	2	③	4	5	⑥	7	8	⑨	10
11	⑫	13	14	⑮	16	17	⑱	19	20

3단 곱셈구구의 값도 되고 6단 곱셈구구의 값도 되는 수는 ○와 △가 모두 표시된 6, 12, 18입니다.

7-1 4단 곱셈구구의 값은 4, 8, 12, 16, 20, 24, 28이고, 8단 곱셈구구의 값은 8, 16, 24입니다.
따라서 4단 곱셈구구의 값도 되고 8단 곱셈구구의 값도 되는 수는 8, 16, 24로 모두 3개입니다.
[참고] 4단 곱셈구구의 값에는 ○표, 8단 곱셈구구의 값에는 △표 해 봅니다.

1	2	3	④	5	6	7	⑧	9	10
11	⑫	13	14	15	⑯	17	18	19	⑳
21	22	23	㉔	25	26	27	㉘	29	30

4단 곱셈구구의 값도 되고 8단 곱셈구구의 값도 되는 수는 ○와 △가 모두 표시된 8, 16, 24이므로 모두 3개입니다.

7-2 ㉠ 3씩 6번 뛰어 세면 $3\times6=18$입니다.
㉡ 6씩 3번 뛰어 세면 $6\times3=18$입니다.

유형 8 소율이는 매일 사과를 1개씩 먹으므로 5일 동안 먹은 사과는 모두 $1 \times 5 = 5$(개)입니다.

8-1 연필 1자루의 길이는 8 cm이므로 3자루의 길이는 모두 $8 \times 3 = 24$(cm)입니다.

8-2 사탕이 한 상자에 5개씩 들어 있으므로 6상자에 들어 있는 사탕은 모두 $5 \times 6 = 30$(개)입니다.

8-3 사린이의 나이는 9세이므로 사린이 할아버지의 연세는 $9 \times 9 = 81$(세)입니다.

유형 9 $4 \times 5 = 20$, $4 \times 6 = 24$, $4 \times 7 = 28$이므로 □ 안에 들어갈 수 있는 수는 6, 7입니다.

9-1 $9 \times 5 = 45$이므로 □ 안에 들어갈 수 있는 수는 5보다 작은 수이어야 합니다.
따라서 □ 안에 들어갈 수 있는 수는 1, 2, 3, 4입니다.

9-2 $7 \times 6 = 42$이므로 □ 안에 들어갈 수 있는 수는 6보다 작은 수이어야 합니다.
따라서 □ 안에 들어갈 수 있는 수는 1, 2, 3, 4, 5이므로 이 중에서 가장 큰 수는 5입니다.

9-3 $3 \times 7 = 21$, $3 \times 8 = 24$이므로 □ 안에 들어갈 수 있는 수는 7보다 큰 수이어야 합니다.
따라서 □ 안에 들어갈 수 있는 수는 8, 9로 모두 2개입니다.

유형 10 3단 곱셈구구에서 $3 \times 5 = 15$이므로 □$= 5$입니다.

10-1 4단 곱셈구구에서 $4 \times 6 = 24$이므로 □$= 4$입니다.

10-2 $9 \times 4 = 36$이므로 4단 곱셈구구에서 $4 \times 9 = 36$입니다.
참고 곱하는 두 수를 바꾸어도 곱은 같습니다.

10-3 5단 곱셈구구에서 $5 \times 5 = 25$입니다.

유형 11 4단 곱셈구구에서 $4 \times 1 = 4$, $4 \times 2 = 8$, $4 \times 3 = 12$이므로 수 카드를 사용하여 나타낸 식은 $4 \times 3 = 12$입니다.

11-1 8단 곱셈구구에서 $8 \times 1 = 8$, $8 \times 2 = 16$, $8 \times 6 = 48$이므로 수 카드를 사용하여 나타낸 식은 $8 \times 2 = 16$입니다.

11-2 9단 곱셈구구에서 $9 \times 3 = 27$, $9 \times 6 = 54$, $9 \times 7 = 63$이므로 수 카드를 사용하여 나타낸 식은 $9 \times 7 = 63$입니다.

유형 12 3단 곱셈구구의 수 중에서 짝수는 6, 12, 18, 24입니다.
이 중에서 12보다 작은 수는 6입니다.

12-1 5단 곱셈구구의 수 중에서 홀수는 5, 15, 25, 35, 45입니다.
이 중에서 십의 자리 숫자가 30을 나타내는 수는 35입니다.

12-2 7단 곱셈구구의 수 중에서 40보다 큰 수는 42, 49, 56, 63입니다.
이 중에서 6단 곱셈구구에도 있는 수는 42입니다.

01 ㉡　　　　02 (선 연결)

03 (　　) (○)
04 4, 52, 103　05 1, 5　　06 5, 70
07 1, 41　　08 약 14 m　09 1, 72
10 유진　　11 약 6 m　12 cm, m
13 ㉢, ㉣　　14 ㉡, ㉠, ㉢　15 6, 4, 3
16 약 1 m 50 cm　　17 9
18 54, 4　　19 풀이 참고, ㉠
20 풀이 참고, 68 cm

05 화살표가 가리키는 자의 눈금은 105 cm이므로 1 m 5 cm입니다.

08 끈을 2 m 길이로 나누어 세어 보면 약 7번이므로 끈의 길이는 약 14 m입니다.

09 523 cm＝5 m 23 cm입니다.
6 m 95 cm－523 cm
＝6 m 95 cm－5 m 23 cm
＝1 m 72 cm

10 신우: 우산의 한끝을 줄자의 눈금 0에 맞추어야 하는데 10에 맞추었기 때문에 우산의 길이는 1 m 30 cm가 아닙니다.

11 가장 앞에 있는 학생과 가장 뒤에 있는 학생의 거리는 앞사람과의 간격인 1 m가 약 6번이므로 약 6 m입니다.

14 ㉠ 3 m 67 cm＝367 cm
㉢ 3 m 7 cm＝307 cm
따라서 376 cm＞367 cm＞307 cm이므로 길이가 긴 것부터 차례대로 쓰면 ㉡, ㉠, ㉢입니다.

15 가장 긴 길이를 만들려면 수 카드 중에서 가장 큰 수부터 m 단위, cm 단위에 차례대로 넣습니다.
따라서 가장 긴 길이는 6 m 43 cm입니다.

16 책꽂이의 높이는 곰 인형의 키의 약 3배입니다.
따라서 책꽂이의 높이는
50 cm＋50 cm＋50 cm
＝150 cm＝1 m 50 cm입니다.

17 370 cm＝3 m 70 cm입니다.
4 m 92 cm＋3 m 70 cm
＝7 m 162 cm＝8 m 62 cm
따라서 8 m 62 cm＜□ m이므로 □ 안에 들어갈 수 있는 가장 작은 수는 9입니다.

18
```
    5 m  ㉠ cm
 + ㉡ m  37 cm
 ─────────────
    9 m  91 cm
```
㉠＋37＝91이므로 ㉠＝91－37＝54입니다.
5＋㉡＝9이므로 ㉡＝9－5＝4입니다.

19 예 ㉠ 4 m 35 cm＋2 m 43 cm
＝6 m 78 cm ❶
㉡ 3 m 25 cm＋3 m 30 cm
＝6 m 55 cm ❷
따라서 6 m 78 cm＞6 m 55 cm이므로 길이가 더 긴 것은 ㉠입니다. ❸

채점 기준	
❶ ㉠의 합 구하기	2점
❷ ㉡의 합 구하기	2점
❸ 길이가 더 긴 것 구하기	1점

20 예 의자의 높이가 15 cm이고, 의자 위에 올라갔을 때 바닥에서부터 현영이의 머리끝까지의 길이가 1 m 43 cm이므로 현영이의 키는 1 m 43 cm－15 cm＝1 m 28 cm입니다. ❶
따라서 책상 위에 올라갔을 때 바닥에서부터 현영이의 머리끝까지의 길이가 1 m 96 cm이므로 책상의 높이는 1 m 96 cm－1 m 28 cm＝68 cm입니다. ❷

채점 기준	
❶ 현영이의 키 구하기	2점
❷ 책상의 높이 구하기	3점

정답 및 풀이

01 100
02 2 m 10 cm, 2미터 10센티미터
03 170, 1, 70 04 3, 70 05 2, 30
06 (   )
   (○)
07 5, 61 08 8, 12
09 풀이 참고 10 1 m 50 cm
11 ③ 12 1 m 60 cm
13 민아, 준기, 영우 14 약 5 m
15 9 16 2 m
17 2 m 70 cm 18 2 m 80 cm
19 서영 20 풀이 참고, 8 m 36 cm

07   7 m 83 cm
    − 2 m 22 cm
       5 m 61 cm

08 420 cm=4 m 20 cm입니다.
   420 cm+3 m 92 cm
   =4 m 20 cm+3 m 92 cm
   =7 m 112 cm=8 m 12 cm

09 ⑩ 줄넘기의 한끝을 줄자의 눈금 0에 맞추지
   않았기 때문입니다.」❶

채점 기준	
❶ 길이를 잘못 잰 이유 설명하기	5점

11 ② 5 m 9 cm=509 cm, ④ 6 m=600 cm
   따라서 길이가 가장 긴 것은 ③ 601 cm입니다.

12 1 m=100 cm이고 0과 1 m 사이를 10칸으
   로 나누었으므로 작은 눈금 한 칸의 길이는
   10 cm입니다.
   따라서 색 테이프의 길이는 1 m에서 6칸 더
   갔으므로 1 m 60 cm입니다.

13 1 m 14 cm=114 cm,
   1 m 19 cm=119 cm입니다.
   따라서 120 cm>119 cm>114 cm이므로
   키가 큰 사람부터 차례대로 이름을 쓰면 민아,
   준기, 영우입니다.

14 다연이의 두 걸음이
   50 cm+50 cm=100 cm=1 m입니다.
   따라서 10걸음은 두 걸음의 5배이므로 골목
   의 길이는 약 5 m입니다.

15 351 cm=3 m 51 cm이므로
   3 m 51 cm+5 m 59 cm
   =8 m 110 cm=9 m 10 cm입니다.
   따라서 9 m 10 cm>□ m이므로 □ 안에
   들어갈 수 있는 가장 큰 수는 9입니다.

16 길이가 1 cm인 색 테이프 100도막을 이으면
   100 cm이므로 1 cm인 색 테이프 200도막
   을 이으면 200 cm입니다.
   200 cm=2 m이므로 이은 색 테이프의 전체
   길이는 2 m입니다.

17 (남은 끈의 길이)
   =4 m 90 cm−2 m 20 cm
   =2 m 70 cm

18 우산으로 2번 잰 길이는
   1 m 40 cm+1 m 40 cm=2 m 80 cm입
   니다.
   따라서 윤재네 집 바닥부터 천장까지의 높이
   는 2 m 80 cm입니다.

19 어림한 길이와 2 m 50 cm의 차를 각각 구합
   니다.
   민우: 2 m 50 cm−2 m 30 cm=20 cm
   서영: 2 m 65 cm−2 m 50 cm=15 cm
   따라서 15 cm<20 cm이므로 실제 길이에
   더 가깝게 어림한 사람은 서영이입니다.

20 ⑩ 색 테이프 2장의 길이의 합은
   3 m 10 cm+6 m 29 cm=9 m 39 cm입
   니다.」❶
   겹친 부분의 길이가 1 m 3 cm이므로 이어
   붙인 색 테이프의 전체 길이는
   9 m 39 cm−1 m 3 cm=8 m 36 cm입
   니다.」❷

채점 기준	
❶ 색 테이프 2장의 길이의 합 구하기	2점
❷ 이어 붙인 색 테이프의 전체 길이 구하기	3점

01 4미터 25센티미터　　02 1, 30

03 5, 38, 102　　04 경진

05 9, 89　　06 1, 46　　07 약 2 m

08 ㉡　　09 재윤

10
$$\begin{array}{r} 4 \text{ m } 22 \text{ cm} \\ + 3 \text{ m} \\ \hline 7 \text{ m } 22 \text{ cm} \end{array}$$
11 7개

12 215, 2, 15　　13 6 m 46 cm

14 삼촌, 2 m 9 cm

15 8 m 69 cm　　16 여진

17 31, 4　　18 4, 2, 1

19 풀이 참고, 2 m 12 cm

20 풀이 참고, ㉮ 길

08 ㉡ 8 m 9 cm=809 cm

09 144 cm=1 m 44 cm이고,
139 cm=1 m 39 cm이므로 가장 긴 막대를 가지고 있는 사람은 재윤이입니다.

11 5 m 72 cm=572 cm이고,
572 cm>5□6 cm이므로 □ 안에 들어갈 수 있는 수는 0, 1, 2, 3, 4, 5, 6으로 모두 7개입니다.

13 5 m 14 cm+1 m 32 cm=6 m 46 cm
따라서 두 막대의 길이의 합은 6 m 46 cm입니다.

14 3 m 11 cm>1 m 2 cm
3 m 11 cm-1 m 2 cm
=2 m 9 cm
따라서 삼촌이 연준이보다 2 m 9 cm 더 멀리 뛰었습니다.

15 가장 긴 길이는 5 m 60 cm이고, 가장 짧은 길이는 3 m 9 cm입니다.
따라서 가장 긴 길이와 가장 짧은 길이의 합은
5 m 60 cm+3 m 9 cm=8 m 69 cm입니다.

16 여진: 두 걸음이 약 1 m이므로 8걸음은 약 4 m입니다. 시소의 길이는 약 4 m입니다.
우빈: 7뼘이 약 1 m이므로 21뼘은 약 3 m입니다. 소파의 길이는 약 3 m입니다.
따라서 4 m>3 m이므로 더 긴 길이를 어림한 사람은 여진이입니다.

17
$$\begin{array}{r} 9 \text{ m } ㉠ \text{ cm} \\ - ㉡ \text{ m } 27 \text{ cm} \\ \hline 5 \text{ m } 4 \text{ cm} \end{array}$$
㉠-27=4이므로 ㉠=4+27=31입니다.
9-㉡=5이므로 ㉡=9-5=4입니다.

18 5 m 23 cm-1 m 9 cm=4 m 14 cm
따라서 수 카드를 한 번씩만 사용하여 만들 수 있는 길이 중 4 m 14 cm보다 긴 길이는
4 m 21 cm입니다.

19 예 삼각형의 가장 긴 변의 길이는 4 m 35 cm, 가장 짧은 변의 길이는 2 m 23 cm입니다. ❶
따라서 가장 긴 변과 가장 짧은 변의 길이의 차는
4 m 35 cm-2 m 23 cm
=2 m 12 cm입니다. ❷

채점 기준	
❶ 가장 긴 변의 길이와 가장 짧은 변의 길이 각각 알기	2점
❷ 가장 긴 변과 가장 짧은 변의 길이의 차 구하기	3점

20 예 ㉮ 길로 가는 경우는
41 m 50 cm+24 m 32 cm
=65 m 82 cm입니다. ❶
㉯ 길로 가는 경우는
35 m 46 cm+31 m 90 cm
=66 m 136 cm=67 m 36 cm입니다. ❷
따라서 65 m 82 cm가 67 m 36 cm보다 짧으므로 ㉮ 길로 가는 것이 더 가깝습니다. ❸

채점 기준	
❶ ㉮ 길로 가는 거리 구하기	2점
❷ ㉯ 길로 가는 거리 구하기	2점
❸ 더 가까운 길 구하기	1점

정답 및 풀이

01 3	02 202, 2, 6　03 15 cm
04 180 cm	05 ③, ④　06 3, 25
07 ⓒ, ⓒ, ㉠	08 ㉠, 1 m 80 cm
09 8, 66	10 5, 15
11 (위에서부터) 3, 40 / 7, 68　12 0, 1, 2
13 ⓒ, ㉣	14 준호
15 2 m 17 cm	16 19 m 20 cm
17 풀이 참고, 소방서, 25 m 16 cm
18 풀이 참고, 2 m 99 cm
19 (위에서부터) 9, 6, 5 / 5, 44　20 100 cm

07 짧은 길이로 잴수록 재는 횟수가 많습니다.
따라서 많은 횟수로 재어야 하는 것부터 차례
대로 기호를 쓰면 ⓒ, ⓒ, ㉠입니다.

09 645 cm=6 m 45 cm입니다.
2 m 21 cm+645 cm
=2 m 21 cm+6 m 45 cm
=8 m 66 cm

10 869 cm=8 m 69 cm입니다.
869 cm−3 m 54 cm
=8 m 69 cm−3 m 54 cm
=5 m 15 cm

12 4 m 34 cm=434 cm이므로
434 cm>4□5 cm입니다.
따라서 □ 안에 들어갈 수 있는 수는 0, 1, 2
입니다.

13 트럭의 높이가 터널보다 높으면 트럭이 터널
을 지나갈 수 없으므로 터널을 지나갈 수 없는
트럭은 4 m 30 cm보다 높은 ⓒ, ㉣입니다.

14 긴 길이로 잴수록 재는 횟수가 적습니다. 잰
횟수가 가장 적은 사람은 준호이므로 한 걸음
의 길이가 가장 긴 사람은 준호입니다.

15 3 m 42 cm−1 m 25 cm=2 m 17 cm
따라서 연지에게 남아 있는 색 테이프는
2 m 17 cm입니다.

16 6 m 40 cm+6 m 40 cm+6 m 40 cm
=12 m 80 cm+6 m 40 cm
=18 m 120 cm=19 m 20 cm
따라서 도로의 길이는 19 m 20 cm입니다.

17 예 97 m 30 cm가 72 m 14 cm보다 길므로
요원이네 집에서 더 가까운 곳은 소방서입니
다.」❶
97 m 30 cm−72 m 14 cm
=25 m 16 cm
따라서 소방서는 경찰서보다 25 m 16 cm
더 가깝습니다.」❷

채점 기준	
❶ 요원이네 집에서 더 가까운 곳 찾기	2점
❷ 몇 m 몇 cm 더 가까운지 구하기	3점

18 예 아버지의 키는 호근이의 키보다 49 cm 더
크므로 1 m 25 cm+49 cm=1 m 74 cm
입니다.」❶
따라서 호근이와 아버지의 키의 합은
1 m 25 cm+1 m 74 cm=2 m 99 cm입
니다.」❷

채점 기준	
❶ 아버지의 키 구하기	2점
❷ 호근이와 아버지의 키의 합 구하기	3점

19 m 단위의 수가 클수록 길이가 길므로 만들
수 있는 가장 긴 길이는 9 m 65 cm입니다.

　　9 m　65 cm
− 4 m　21 cm
──────────
　　5 m　44 cm

20 세 도막의 길이를 차례대로 ㉠ cm, ㉡ cm,
ⓒ cm라고 하면 ㉡ cm=(㉠+5) cm이고,
ⓒ cm=(㉠+15) cm입니다.
3 m 20 cm=320 cm이므로 세 도막의 길
이를 모두 더하면
㉠+㉡+ⓒ=㉠+㉠+5+㉠+15
　　　　　=320입니다.
㉠+㉠+㉠=300이므로 ㉠=100입니다.
따라서 가장 짧은 것의 길이는 100 cm입니다.
참고 ⓒ은 ㉡보다 10 cm 더 길고, ㉡은 ㉠
보다 5 cm 더 길므로 ⓒ은 ㉠보다 15 cm 더
깁니다.

18

틀린 유형 다시 보기

유형 1 m	1-1 cm, m, m		
1-2 ⓒ	유형 2 186 cm		
2-1 ⤬	2-2 1, 4, 289	2-3 ⓒ	
유형 3 약 3 m	3-1 약 4 m	3-2 약 4 m	
유형 4 ⓒ	4-1 ⓒ		
4-2 ㉠, ⓒ, ⓒ			
유형 5 5 m 59 cm		5-1 9, 96	
5-2 8, 3	5-3 9, 8		
유형 6 4 m 45 cm		6-1 1, 26	
6-2 2, 14	6-3 5, 22	유형 7 16, 6	
7-1 74, 4	7-2 15, 4	7-3 8, 1	
유형 8 2 m 2 cm			
8-1 4 m 29 cm			
8-2 1 m 82 cm		유형 9 도람	
9-1 예령	9-2 민준		
유형 10 12 m 71 cm			
10-1 6 m 98 cm		10-2 ③	
유형 11 (위에서부터) 8, 6, 3 / 5, 60			
11-1 (위에서부터) 7, 2, 1 / 5, 10			
11-2 (위에서부터) 1, 3, 5, 7, 22			
유형 12 9 m 54 cm	12-1 9 m 37 cm		
12-2 3 m 11 cm			

유형 1 100 cm=1 m임을 이용하여 적절한 단위를 선택합니다.

1-1 100 cm=1 m임을 이용하여 적절한 단위를 선택합니다.

1-2 m를 써서 나타내기에 알맞은 것은 1 m보다 긴 ⓒ 복도 긴 쪽의 길이입니다.

유형 2 1 m=100 cm입니다.

$$1 \text{ m } 86 \text{ cm}=100 \text{ cm}+86 \text{ cm}$$
$$=186 \text{ cm}$$

2-1 1 m=100 cm이므로

5 m 3 cm=503 cm, 5 m=500 cm,
5 m 30 cm=530 cm입니다.

2-2 100 cm=1 m이므로

104 cm=1 m 4 cm,

2 m 89 cm=289 cm입니다.

주의 104 cm=10 m 4 cm로 나타내지 않도록 주의합니다.

2-3 ㉠ 236 cm=2 m 36 cm

ⓒ 4 m 2 cm=402 cm

따라서 길이를 바르게 나타낸 것은 ⓒ입니다.

유형 3 나무의 높이는 동생의 키 1 m의 약 3번이므로 약 3 m입니다.

3-1 다예의 양팔을 벌린 길이는 1 m입니다.

칠판 긴 쪽의 길이는 다예의 양팔을 벌린 길이의 약 4번이므로 약 4 m입니다.

3-2 화단의 길이는 요한이의 두 걸음인 1 m의 약 4번이므로 약 4 m입니다.

유형 4 긴 길이로 잴수록 재는 횟수가 적습니다.

양팔을 벌린 길이가 가장 길므로 가장 적은 횟수로 잴 수 있는 것은 ⓒ입니다.

4-1 짧은 길이로 잴수록 재는 횟수가 많습니다.

한 뼘의 길이가 가장 짧으므로 가장 많은 횟수로 재어야 하는 것은 ⓒ입니다.

4-2 짧은 길이로 잴수록 재는 횟수가 많습니다.

따라서 버스의 길이를 많은 횟수로 재어야 하는 것부터 차례대로 기호를 쓰면 ㉠, ⓒ, ⓒ입니다.

유형 5 324 cm=3 m 24 cm입니다.

$$2 \text{ m } 35 \text{ cm}+324 \text{ cm}$$
$$=2 \text{ m } 35 \text{ cm}+3 \text{ m } 24 \text{ cm}$$
$$=5 \text{ m } 59 \text{ cm}$$

참고 cm끼리의 합이 100이거나 100보다 크면 100 cm=1 m로 받아올림합니다.

5-1 525 cm=5 m 25 cm입니다.

$$525 \text{ cm}+4 \text{ m } 71 \text{ cm}$$
$$=5 \text{ m } 25 \text{ cm}+4 \text{ m } 71 \text{ cm}$$
$$=9 \text{ m } 96 \text{ cm}$$

7100000000000000

정답 및 풀이

5-2 531 cm=5 m 31 cm입니다.
2 m 72 cm+531 cm
=2 m 72 cm+5 m 31 cm
=7 m 103 cm=8 m 3 cm

5-3 423 cm=4 m 23 cm입니다.
4 m 85 cm+423 cm
=4 m 85 cm+4 m 23 cm
=8 m 108 cm=9 m 8 cm

유형 6 892 cm=8 m 92 cm입니다.
892 cm−4 m 47 cm
=8 m 92 cm−4 m 47 cm
=4 m 45 cm

6-1 347 cm=3 m 47 cm입니다.
347 cm−2 m 21 cm
=3 m 47 cm−2 m 21 cm
=1 m 26 cm

6-2 526 cm=5 m 26 cm입니다.
526 cm−3 m 12 cm
=5 m 26 cm−3 m 12 cm
=2 m 14 cm

6-3 243 cm=2 m 43 cm입니다.
7 m 65 cm−243 cm
=7 m 65 cm−2 m 43 cm
=5 m 22 cm

유형 7
 3 m ㉠ cm
$+$ ㉡ m 40 cm
$\overline{\ 9 \text{ m } 56 \text{ cm}}$

㉠+40=56이므로 ㉠=56−40=16입니다.
3+㉡=9이므로 ㉡=9−3=6입니다.

7-1
 6 m ㉠ cm
$-$ ㉡ m 55 cm
$\overline{\ 2 \text{ m } 19 \text{ cm}}$

㉠−55=19이므로 ㉠=19+55=74입니다.
6−㉡=2이므로 ㉡=6−2=4입니다.

7-2 1 m ㉠ cm+㉡ m 12 cm=5 m 27 cm
㉠+12=27이므로 ㉠=27−12=15입니다.
1+㉡=5이므로 ㉡=5−1=4입니다.

7-3 ㉠ m 13 cm−4 m ㉡ cm=4 m 12 cm
13−㉡=12이므로 ㉡=13−12=1입니다.
㉠−4=4이므로 ㉠=4+4=8입니다.

유형 8 삼각형에서 가장 긴 변의 길이는
4 m 10 cm이고, 가장 짧은 변의 길이는
2 m 8 cm입니다.
4 m 10 cm−2 m 8 cm
=2 m 2 cm
따라서 가장 긴 변의 길이는 가장 짧은 변의
길이보다 2 m 2 cm 더 깁니다.

8-1 931 cm=9 m 31 cm이므로 삼각형의 가
장 긴 변의 길이는 931 cm이고, 가장 짧은
변의 길이는 5 m 2 cm입니다.
931 cm−5 m 2 cm
=9 m 31 cm−5 m 2 cm
=4 m 29 cm
따라서 가장 긴 변의 길이는 가장 짧은 변의
길이보다 4 m 29 cm 더 깁니다.

8-2 108 cm=1 m 8 cm,
145 cm=1 m 45 cm이므로 사각형의 가
장 긴 변의 길이는 2 m 90 cm이고, 가장
짧은 변의 길이는 108 cm입니다.
2 m 90 cm−108 cm
=2 m 90 cm−1 m 8 cm
=1 m 82 cm
따라서 가장 긴 변의 길이는 가장 짧은 변의
길이보다 1 m 82 cm 더 깁니다.

유형 9 어림한 길이와 2 m 70 cm의 차를 각각 구
합니다.
태희: 2 m 70 cm−2 m 55 cm=15 cm
도람: 2 m 80 cm−2 m 70 cm=10 cm
따라서 15 cm>10 cm이므로 실제 키에
더 가깝게 어림한 사람은 도람입니다.

9-1 130 cm＝1 m 30 cm이므로 어림한 길이와 1 m 30 cm의 차를 각각 구합니다.

예령: 1 m 40 cm－1 m 30 cm＝10 cm

우리: 1 m 30 cm－1 m 15 cm＝15 cm

따라서 10 cm＜15 cm이므로 실제 길이에 더 가깝게 어림한 사람은 예령이입니다.

9-2 어림한 길이와 2 m 15 cm의 차를 각각 구합니다.

준형: 2 m 15 cm－2 m＝15 cm

민준: 2 m 20 cm－2 m 15 cm＝5 cm

지희: 2 m 15 cm－2 m 5 cm＝10 cm

따라서 5 cm＜10 cm＜15 cm이므로 실제 길이에 가장 가깝게 어림한 사람은 민준이입니다.

유형10 가장 긴 길이는 7 m 63 cm이고, 가장 짧은 길이는 5 m 8 cm입니다.

따라서 가장 긴 길이와 가장 짧은 길이의 합은

7 m 63 cm＋5 m 8 cm＝12 m 71 cm입니다.

10-1 386 cm＝3 m 86 cm이고,

345 cm＝3 m 45 cm이므로 가장 긴 길이는 3 m 86 cm이고, 가장 짧은 길이는 3 m 12 cm입니다.

따라서 가장 긴 길이와 가장 짧은 길이의 합은

3 m 86 cm＋3 m 12 cm＝6 m 98 cm입니다.

10-2 255 cm＝2 m 55 cm이므로 가장 긴 길이는 3 m 19 cm이고, 가장 짧은 길이는 2 m 55 cm입니다.

따라서 가장 긴 길이와 가장 짧은 길이의 합은

3 m 19 cm＋2 m 55 cm＝5 m 74 cm이므로 ③입니다.

유형11 m 단위의 수가 클수록 길이가 길므로 만들 수 있는 가장 긴 길이는 8 m 63 cm입니다.

```
    8 m   63 cm
  − 3 m    3 cm
    5 m   60 cm
```

11-1 m 단위의 수가 클수록 길이가 길므로 만들 수 있는 가장 긴 길이는 7 m 21 cm입니다.

```
    7 m   21 cm
  − 2 m   11 cm
    5 m   10 cm
```

11-2 m 단위의 수가 작을수록 길이가 짧으므로 만들 수 있는 가장 짧은 길이는

1 m 35 cm입니다.

8 m 57 cm－1 m 35 cm＝7 m 22 cm

유형12 색 테이프 2장의 길이의 합은

7 m 56 cm＋3 m 12 cm

＝10 m 68 cm입니다.

겹친 부분의 길이가 1 m 14 cm이므로 이어 붙인 색 테이프의 전체 길이는

10 m 68 cm－1 m 14 cm＝9 m 54 cm입니다.

12-1 색 테이프 3장의 길이의 합은

3 m 25 cm＋3 m 25 cm＋3 m 25 cm

＝9 m 75 cm입니다.

겹친 부분의 길이의 합은

19 cm＋19 cm＝38 cm입니다.

따라서 이어 붙인 색 테이프의 전체 길이는

9 m 75 cm－38 cm

＝9 m 37 cm입니다.

12-2 색 테이프 6장의 길이의 합은

56 cm＋56 cm＋56 cm＋56 cm

＋56 cm＋56 cm

＝336 cm＝3 m 36 cm입니다.

겹친 부분의 길이의 합은

5 cm＋5 cm＋5 cm＋5 cm＋5 cm

＝25 cm입니다.

따라서 이어 붙인 색 테이프의 전체 길이는

3 m 36 cm－25 cm

＝3 m 11 cm입니다.

참고 색 테이프 ☐장을 겹치게 이어 붙였을 때 겹친 부분은 (☐－1)군데입니다.

4단원 시각과 시간

01 5

02 10시 37분

03 6, 55, 5, 7, 5

04 90

05 월요일

06

| 아침 9시 | 저녁 6시 |
| 낮 1시 | 새벽 4시 |

07

08 (○) ( )

09 ⑤

10 ㉡

11 4

12 6시 45분

13 2시간

14 2시 35분

15 1시간 10분, 1시간 30분, 진호

16 (시계 그림)

17 29시간

18 ⑤

19 풀이 참고, 오후 7시 59분

20 풀이 참고, 오전 10시

08 1주일은 7일이므로 1주일 4일은 11일입니다.

09 ⑤ 9월은 날수가 30일입니다.

10 ㉡ 8시 8분

11 1시 20분에서 5시 20분이 되려면 긴바늘을 4바퀴만 돌리면 됩니다.

12 짧은바늘이 6과 7 사이를 가리키므로 6시, 긴바늘이 9를 가리키므로 45분입니다. 따라서 세운이가 말하는 시각은 6시 45분입니다.

13 오전 11시 30분 ──30분 후──> 낮 12시 ──1시간 후──>
오후 1시 ──30분 후──> 오후 1시 30분
따라서 하리가 줄넘기를 한 시간은 2시간입니다.

14 집에서 출발한 시각은 3시에서 25분 전이므로 2시 35분입니다.

15 • 9시 10분 ──50분 후──> 10시 ──20분 후──> 10시 20분
승연이가 떡을 만드는 데 걸린 시간은
70분＝1시간 10분입니다.

• 9시 30분 ──30분 후──> 10시 ──1시간 후──> 11시
진호가 떡을 만드는 데 걸린 시간은 1시간 30분입니다.
따라서 떡 만들기를 더 오래 한 사람은 진호입니다.

16 청소가 끝난 시각은 2시 50분입니다.
청소를 시작한 시각은 2시 50분에서 45분 전이므로 2시 5분입니다.

17 첫날 오전 9시 ──24시간 후──> 다음 날 오전 9시
──3시간 후──> 낮 12시 ──2시간 후──> 오후 2시
따라서 예령이네 가족이 여행한 시간은 모두 29시간입니다.

18 27일 ──7일 전──> 20일 ──7일 전──> 13일
따라서 13일이 금요일이므로 이달의 27일은 금요일입니다.

19 예

	걸린 시간	끝나는 시각
1쿼터	10분	오후 7시 10분
쉬는 시간	2분	오후 7시 12분
2쿼터	10분	오후 7시 22분
쉬는 시간	15분	오후 7시 37분
3쿼터	10분	오후 7시 47분
쉬는 시간	2분	오후 7시 49분
4쿼터	10분	오후 7시 59분

❶

따라서 농구 경기가 끝나는 시각은 오후 7시 59분입니다. ❷

채점 기준	
❶ 각 쿼터와 쉬는 시간이 끝나는 시각 구하기	4점
❷ 농구 경기가 끝나는 시각 구하기	1점

20 예 서울의 시각이 오전 11시 30분일 때, 런던의 시각은 같은 날 오전 3시 30분이므로 런던은 서울보다 8시간 느립니다. ❶
따라서 서울의 시각이 오후 6시일 때, 런던은 서울보다 8시간 느리므로 같은 날 오전 10시입니다. ❷

채점 기준	
❶ 런던이 서울보다 몇 시간 느린지 구하기	3점
❷ 서울의 시각이 오후 6시일 때 런던의 시각 구하기	2점

01

02 10시 18분

03 24시간

04 7, 12

05 , 2, 50

4시 20분 40분 5시 20분 40분 6시 20분 40분 7시
10분 30분 50분 10분 30분 50분 10분 30분 50분

06 (위에서부터) 30, 31, 31, 31, 30, 31

07 ②, ④

08 [시계 그림]

09 1시간 10분

10 10분

11 2일 16시간

12 1시간 50분

13 오후, 4, 30

14 3시 48분

15 4시 55분

16 ㉡

17 풀이 참고, 오전 2시 14분

18 월요일

19 22일

20 풀이 참고, 월요일

---

09 시윤이가 축구를 시작한 시각은 3시 50분이고, 끝낸 시각은 5시입니다.

3시 50분 ──1시간 후──▶ 4시 50분 ──10분 후──▶ 5시

따라서 시윤이가 축구를 한 시간은 1시간 10분입니다.

10 혜영이가 피아노 연습을 시작한 시각은 4시이고, 연습을 1시간 동안 하기로 했으므로 피아노 연습을 끝내야 하는 시각은 5시입니다.
현재 시각은 4시 50분이므로 피아노 연습을 10분 더 해야 합니다.

11 하루는 24시간이고
64시간=24시간+24시간+16시간이므로 기계가 돌아간 시간은 2일 16시간입니다.

12 60분=1시간이고
110분=60분+50분=1시간 50분이므로 훈이가 영화를 본 시간은 1시간 50분입니다.

13 긴바늘이 1바퀴 돌면 1시간이 지난 것과 같습니다.

따라서 오후 1시 30분에서 긴바늘이 3바퀴 돌았을 때의 시각은 3시간이 지난 오후 4시 30분입니다.

15 거울에 비친 시계에서 짧은바늘은 4와 5 사이를 가리키고, 긴바늘은 11을 가리키므로 시계가 나타내는 시각은 4시 55분입니다.

16 ㉠ 9시 45분 ㉡ 9시 40분 ㉢ 9시 50분
따라서 가장 빠른 시각은 ㉡입니다.

17 **예** 오늘 오후 7시부터 밤 12시까지는 5시간이고, 밤 12시부터 내일 오전 2시까지는 2시간이므로 오늘 오후 7시부터 내일 오전 2시까지는 모두 7시간입니다.」❶
1시간에 2분씩 빨라지므로 7시간 동안에는 2×7=14(분) 빨라집니다.」❷
따라서 내일 오전 2시에 시계가 나타내는 시각은 오전 2시 14분입니다.」❸

채점 기준	
❶ 오늘 오후 7시부터 내일 오전 2시까지의 시간 구하기	2점
❷ 7시간 동안 빨라지는 시간 구하기	2점
❸ 내일 오전 2시에 시계가 나타내는 시각 구하기	1점

18 재우의 생일은 2+15=17(일)입니다.
2일 ──7일 후──▶ 9일 ──7일 후──▶ 16일
따라서 16일이 일요일이므로 재우의 생일인 17일은 월요일입니다.

19 8일 ──7일 후──▶ 15일 ──7일 후──▶ 22일
따라서 이달의 넷째 토요일은 22일입니다.

20 **예** 7월은 날수가 31일입니다.」❶
같은 요일은 7일마다 반복되므로 31일과 같은 요일인 날짜를 알아봅니다.
31일 ──7일 전──▶ 24일 ──7일 전──▶ 17일 ──7일 전──▶ 10일 ──7일 전──▶ 3일
따라서 이달의 마지막 날인 31일은 3일과 같은 요일인 월요일입니다.」❷

채점 기준	
❶ 7월의 날수 알기	2점
❷ 이달의 마지막 날이 무슨 요일인지 구하기	3점

정답 및 풀이

72~74쪽 AI가 추천한 단원 평가 3회

01 9

02 7, 55, 8, 5

03 24, 1, 16

04 오전, 오후, 오전

05 5번

06 수요일

07 (선 연결)

08 (○) ( )

09 (선 연결)

10 8시 8분

11 호걸

12 5시간

13 오후, 오전

14 33시간

15

7월						
일	월	화	수	목	금	토
				1	②	3
4	5	6	7	8	⑨	10
11	12	13	14	15	⑯	17
18	19	20	21	22	㉓	24
25	26	27	28	29	㉚	31

16 26일

17 풀이 참고,

18 3시 10분 전

19 6시 40분

20 풀이 참고, 금요일

09 수영: 55분, 자전거 타기: 45분,
줄넘기: 45분, 태권도: 55분

11 7시 10분 전은 6시 50분입니다.
따라서 더 일찍 일어난 사람은 호걸이입니다.

12 오전 11시 $\xrightarrow{1시간 후}$ 낮 12시 $\xrightarrow{4시간 후}$ 오후 4시
따라서 걸린 시간은 5시간입니다.

14 첫날 오전 9시 $\xrightarrow{24시간 후}$ 다음 날 오전 9시
$\xrightarrow{3시간 후}$ 낮 12시 $\xrightarrow{6시간 후}$ 오후 6시
따라서 루아네 가족이 여행한 시간은 모두
33시간입니다.

16 7월은 날수가 31일이므로 7월 19일부터 31일
까지는 13일입니다.
8월 1일부터 13일까지는 13일입니다.
따라서 여름 방학 기간은 모두 26일입니다.
주의 19일부터 31일까지의 날수는
31−19=12(일)이 아닌
31−19+1=13(일)임을 주의합니다.

17 **예** 체험 활동을 시작한 시각은 9시 40분입니
다.」❶
9시 40분 $\xrightarrow{30분 후}$ 10시 10분 $\xrightarrow{30분 후}$ 10시 40분
$\xrightarrow{30분 후}$ 11시 10분 $\xrightarrow{30분 후}$ 11시 40분
따라서 4가지 체험 활동을 하고 끝난 시각은
11시 40분입니다.」❷
짧은바늘은 11과 12 사이를, 긴바늘은 8을 가
리키도록 그립니다.」❸

채점 기준	
❶ 체험 활동을 시작한 시각 알기	2점
❷ 4가지 체험 활동을 하고 끝난 시각 구하기	2점
❸ 체험 활동이 끝난 시각을 시계에 나타내기	1점

다른 풀이 체험 활동을 시작한 시각은 9시 40분입
니다.
4가지 체험 활동을 하는 데 걸린 시간은
30분+30분+30분+30분=120분=2시간
입니다.
따라서 4가지 체험 활동을 하고 끝난 시각은 9시
40분부터 2시간 후인 11시 40분입니다.

18 거울에 비친 시계에서 짧은바늘은 2와 3 사이
를 가리키고, 긴바늘은 10을 가리키므로 시계
가 나타내는 시각은 2시 50분입니다.
2시 50분은 3시 10분 전입니다.

19 4시 $\xrightarrow{1시간 후}$ 5시 $\xrightarrow{10분 후}$ 5시 10분 $\xrightarrow{20분 후}$ 5시 30분
$\xrightarrow{1시간 후}$ 6시 30분 $\xrightarrow{10분 후}$ 6시 40분
따라서 2부가 끝난 시각은 6시 40분입니다.

20 **예** 같은 요일은 7일마다 반복되므로 11월 4일
과 같은 요일을 알아봅니다.
4일 $\xrightarrow{7일 후}$ 11일 $\xrightarrow{7일 후}$ 18일 $\xrightarrow{7일 후}$ 25일
11월 25일은 토요일입니다.」❶
따라서 11월 30일은 목요일, 12월 1일은 금
요일입니다.」❷

채점 기준	
❶ 11월 25일이 무슨 요일인지 구하기	3점
❷ 12월 1일이 무슨 요일인지 구하기	2점

01 1, 60
02 보경
03 10, 20, 30, 40, 50
04

05 2시 10분 20분 30분 40분 50분 3시 10분 20분 30분 40분 50분 4시
, 1, 20

06 •─────•
   •─────•

07
오전
┌──────────┐   , 7
12 1 2 3 4 5 6 7 8 9 10 11 12(시)
              1 2 3 4 5 6 7 8 9 10 11 12(시)
                    └──────────┘
                       오후

08 4월, 6월, 9월, 11월
09 ( ) (○) ( )
10 풀이 참고, 1시간 35분   11 오전
12 ⑤   13 ㄴ, ㄷ, ㄱ, ㄹ
14 7, 8, 2   15 1월 30일
16 2월 19일, 일요일
17 6일, 13일, 20일, 27일
18 풀이 참고, 윤지   19 동생
20 9

04 5시 5분 전은 4시 55분이므로 4시 55분을 나타냅니다.

09 시계가 나타내는 시각은 차례대로 7시 10분, 7시 25분, 7시 5분입니다.

10 예 2시 10분 $\xrightarrow{50분 후}$ 3시 $\xrightarrow{45분 후}$ 3시 45분
따라서 한음이가 숙제를 한 시간은
95분=1시간 35분입니다.」❶

채점 기준
| ❶ 숙제를 한 시간이 몇 시간 몇 분인지 구하기 | 5점 |

12 ⑤ 1년 1개월=13개월

13 ㄱ 8시 15분 ㄴ 6시 50분
ㄷ 7시 50분 ㄹ 8시 40분
따라서 먼저 한 일부터 차례대로 기호를 쓰면
ㄴ, ㄷ, ㄱ, ㄹ입니다.

15 1월의 날수는 31일이므로 연주 생일의 전주 월요일은 1월 30일입니다.
따라서 건이의 생일은 1월 30일입니다.

16 연주의 생일은 2월 6일이므로 주아의 생일은 19일입니다.
19일 $\xrightarrow{7일 전}$ 12일 $\xrightarrow{7일 전}$ 5일(일요일)
따라서 주아의 생일은 2월 19일이고, 일요일입니다.

17 6일 $\xrightarrow{7일 후}$ 13일 $\xrightarrow{7일 후}$ 20일 $\xrightarrow{7일 후}$ 27일
따라서 월요일인 날짜는 6일, 13일, 20일, 27일입니다.

18 예 75분=1시간 15분이므로 윤지는 도서관에 온 지 1시간 15분이 지났습니다.」❶
도서관에 온 지 가장 오래된 사람이 도서관에 가장 먼저 온 사람입니다.
도서관에 온 지 가장 오래된 사람은 1시간 15분이 지난 윤지이므로 도서관에 가장 먼저 온 사람은 윤지입니다.」❷

채점 기준
| ❶ 75분을 몇 시간 몇 분으로 나타내기 | 2점 |
| ❷ 도서관에 가장 먼저 온 사람 구하기 | 3점 |

19 • 오후 9시 10분 $\xrightarrow{50분 후}$ 오후 10시 $\xrightarrow{2시간 후}$
밤 12시 $\xrightarrow{6시간 후}$ 오전 6시 $\xrightarrow{50분 후}$ 오전 6시 50분
유민이가 잠을 잔 시간은 9시간 40분입니다.

• 오후 9시 30분 $\xrightarrow{30분 후}$ 오후 10시 $\xrightarrow{2시간 후}$
밤 12시 $\xrightarrow{7시간 후}$ 오전 7시 $\xrightarrow{20분 후}$ 오전 7시 20분
동생이 잠을 잔 시간은 9시간 50분입니다.
따라서 잠을 더 오래 잔 사람은 동생입니다.

20 오후 11시에서 3시간 후는 오전 2시이어야 하는데 시계가 오전 2시 27분을 가리키므로 이 시계는 3시간 동안 27분이 빨라졌습니다.
1시간에 ★분씩 빨라지므로 3시간에
★+★+★=27(분) 빨라졌습니다.
따라서 9+9+9=27이므로 ★에 알맞은 수는 9입니다.

틀린 유형 다시 보기

78~83쪽

유형 1 ㉢	1-1 우진
1-2 ②, ④	유형 2 1, 20, 130
2-1 ㉡	2-2 85분
2-3 민우	유형 3 오전, 7, 40
3-1 7, 10	3-2 3
유형 4 10시 25분	4-1 8시 23분
4-2 1, 9	4-3 2시 35분
유형 5 14시간	5-1 2시간
5-2 ③	5-3 220분
유형 6 6시 10분	6-1 1시 28분
6-2 3시 5분 전	유형 7 슬기
7-1 1시간 15분, 1시간 5분, 지민	
7-2 송희	유형 8 4시 25분
8-1 11시 20분	8-2 3시 30분
유형 9 33시간	9-1 30시간
9-2 27시간	유형 10 49일
10-1 36일	10-2 82일
10-3 92일	유형 11 3월 25일
11-1 1월 20일	11-2 8월 29일
유형 12 금요일	12-1 화요일
12-2 토요일	12-3 수요일

유형 1 시계의 짧은바늘이 10과 11 사이를 가리키고, 긴바늘이 9를 가리키므로 10시 45분입니다.
10시 45분은 11시 15분 전이므로 시계를 바르게 읽은 것은 ㉢입니다.

1-1 시계의 짧은바늘이 4와 5 사이를 가리키고, 긴바늘이 11을 가리키므로 4시 55분입니다.
4시 55분은 5시 5분 전이므로 바르게 말한 사람은 우진이입니다.

1-2 시계의 짧은바늘이 7과 8 사이를 가리키고, 긴바늘이 10을 가리키므로 7시 50분입니다.
7시 50분은 8시 10분 전이므로 바른 것은 ②, ④입니다.

유형 2 60분=1시간이므로
80분=60분+20분=1시간 20분입니다.
1시간=60분이므로
2시간 10분=60분+60분+10분=130분
입니다.

2-1 ㉠ 1시간 45분=60분+45분=105분
㉡ 110분=60분+50분=1시간 50분
㉢ 190분=60분+60분+60분+10분
　　　　=3시간 10분
따라서 틀린 것은 ㉡입니다.

2-2 1시간 25분=60분+25분=85분
따라서 서후가 독서를 한 시간은 85분입니다.

2-3 놀이터에 가장 먼저 온 사람은 놀이터에 온 지 가장 오래된 사람입니다.
1시간=60분이고 60분<65분<77분이므로 놀이터에 온 지 가장 오래된 사람은 민우입니다. 따라서 놀이터에 가장 먼저 온 사람은 민우입니다.

유형 3 시계의 긴바늘이 1바퀴 돌면 1시간이 지난 것과 같습니다.
따라서 오전 6시 40분에서 긴바늘이 1바퀴 돌았을 때의 시각은 1시간이 지난 오전 7시 40분입니다.

3-1 시계의 짧은바늘이 5와 6 사이를 가리키고, 긴바늘이 2를 가리키므로 공연이 시작한 시각은 5시 10분입니다.
긴바늘이 2바퀴 돌면 2시간이 지난 것과 같습니다.
따라서 공연이 끝난 시각은 7시 10분입니다.

3-2 시계의 짧은바늘이 9와 10 사이를 가리키고, 긴바늘이 10을 가리키므로 현재 시각은 9시 50분입니다.
9시 50분에서 12시 50분이 되려면 3시간이 지나야 합니다.
따라서 긴바늘이 1바퀴 돌면 1시간이 지난 것과 같으므로 12시 50분이 되려면 긴바늘을 3바퀴 돌려야 합니다.

유형 4 짧은바늘이 10과 11 사이를 가리키므로 10시, 긴바늘이 5를 가리키므로 25분입니다.
따라서 시계가 나타내는 시각은 10시 25분입니다.

4-1 짧은바늘이 8과 9 사이를 가리키므로 8시, 긴바늘이 4에서 작은 눈금 3칸 더 간 곳을 가리키므로 23분입니다.
따라서 시계가 나타내는 시각은 8시 23분입니다.

4-2 짧은바늘이 1과 2 사이를 가리키므로 1시, 긴바늘이 1에서 작은 눈금 4칸 더 간 곳을 가리키므로 9분입니다.
따라서 시계가 나타내는 시각은 1시 9분입니다.

4-3 짧은바늘이 2와 3 사이를 가리키므로 2시, 긴바늘이 7을 가리키므로 35분입니다.
따라서 지원이가 말하는 시각은 2시 35분입니다.

유형 5 오늘 오후 5시 $\xrightarrow{\text{7시간 후}}$ 밤 12시 $\xrightarrow{\text{7시간 후}}$ 내일 오전 7시
따라서 오늘 오후 5시부터 내일 오전 7시까지는 14시간입니다.

5-1 오전 11시 20분 $\xrightarrow{\text{2시간 후}}$ 오후 1시 20분
따라서 지혁이가 그림을 그린 시간은 2시간입니다.

5-2 오전 9시 30분 $\xrightarrow{\text{3시간 후}}$ 오후 12시 30분
$\xrightarrow{\text{2시간 후}}$ 오후 2시 30분
$\xrightarrow{\text{20분 후}}$ 오후 2시 50분
따라서 유나네 반이 체험 학습을 한 시간은 5시간 20분입니다.

5-3 오전 11시 30분 $\xrightarrow{\text{30분 후}}$ 낮 12시 $\xrightarrow{\text{3시간 후}}$
오후 3시 $\xrightarrow{\text{10분 후}}$ 오후 3시 10분
따라서 점심 식사를 판매하는 시간은 모두
3시간 40분=60분+60분+60분+40분
=220분입니다.

유형 6 거울에 비친 시계에서 짧은바늘은 6과 7 사이를 가리키고, 긴바늘은 2를 가리키므로 시계가 나타내는 시각은 6시 10분입니다.

6-1 거울에 비친 시계에서 짧은바늘은 1과 2 사이를 가리키고, 긴바늘은 5에서 작은 눈금 3칸 더 간 곳을 가리키므로 시계가 나타내는 시각은 1시 28분입니다.

6-2 거울에 비친 시계에서 짧은바늘은 2와 3 사이를 가리키고, 긴바늘은 11을 가리키므로 시계가 나타내는 시각은 2시 55분입니다.
2시 55분은 3시 5분 전입니다.

유형 7 • 2시 20분 $\xrightarrow{\text{40분 후}}$ 3시 $\xrightarrow{\text{30분 후}}$ 3시 30분
슬기가 음악 줄넘기를 한 시간은 70분입니다.

• 3시 15분 $\xrightarrow{\text{45분 후}}$ 4시 $\xrightarrow{\text{5분 후}}$ 4시 5분
도경이가 음악 줄넘기를 한 시간은 50분입니다.
따라서 음악 줄넘기를 더 오래 한 사람은 슬기입니다.

7-1 • 7시 $\xrightarrow{\text{1시간 후}}$ 8시 $\xrightarrow{\text{15분 후}}$ 8시 15분
지민이가 독서를 한 시간은 1시간 15분입니다.

• 7시 55분 $\xrightarrow{\text{5분 후}}$ 8시 $\xrightarrow{\text{1시간 후}}$ 9시
수현이가 독서를 한 시간은 1시간 5분입니다.
따라서 독서를 더 오래 한 사람은 지민이입니다.

7-2 • 1시 40분 $\xrightarrow{\text{1시간 후}}$ 2시 40분 $\xrightarrow{\text{30분 후}}$ 3시 10분
윤하가 수학 공부를 한 시간은 1시간 30분입니다.

• 2시 $\xrightarrow{\text{1시간 후}}$ 3시 $\xrightarrow{\text{50분 후}}$ 3시 50분
송희가 수학 공부를 한 시간은 1시간 50분입니다.
따라서 수학 공부를 더 오래 한 사람은 송희입니다.

유형 8 영어 공부를 시작한 시각은 5시 40분에서 1시간 15분 전입니다.

5시 40분 $\xrightarrow{\text{1시간 전}}$ 4시 40분 $\xrightarrow{\text{15분 전}}$ 4시 25분

따라서 영어 공부를 시작한 시각은 4시 25분입니다.

8-1

	걸린 시간	끝나는 시각
1교시 수업	40분	9시 40분
쉬는 시간	10분	9시 50분
2교시 수업	40분	10시 30분
쉬는 시간	10분	10시 40분
3교시 수업	40분	11시 20분

8-2 시계를 본 시각은 4시 50분입니다.

로미가 블록 놀이를 시작한 시각은 4시 50분에서 1시간 20분 전입니다.

4시 50분 $\xrightarrow{\text{1시간 전}}$ 3시 50분 $\xrightarrow{\text{20분 전}}$ 3시 30분

따라서 로미가 블록 놀이를 시작한 시각은 3시 30분입니다.

유형 9 민우네 가족이 첫날 출발한 시각은 오전 8시 30분이고, 다음 날 도착한 시각은 오후 5시 30분입니다.

첫날 오전 8시 30분 $\xrightarrow{\text{24시간 후}}$

다음 날 오전 8시 30분 $\xrightarrow{\text{4시간 후}}$

오후 12시 30분 $\xrightarrow{\text{5시간 후}}$ 오후 5시 30분

따라서 민우네 가족이 여행한 시간은 모두 33시간입니다.

9-1 채빈이네 가족이 첫날 출발한 시각은 오전 7시 30분이고, 다음 날 도착한 시각은 오후 1시 30분입니다.

첫날 오전 7시 30분 $\xrightarrow{\text{24시간 후}}$

다음 날 오전 7시 30분 $\xrightarrow{\text{5시간 후}}$

오후 12시 30분 $\xrightarrow{\text{1시간 후}}$ 오후 1시 30분

따라서 채빈이네 가족이 여행한 시간은 모두 30시간입니다.

9-2 20일 오전 11시 $\xrightarrow{\text{24시간 후}}$ 21일 오전 11시

$\xrightarrow{\text{1시간 후}}$ 낮 12시 $\xrightarrow{\text{2시간 후}}$ 오후 2시

따라서 진설이네 가족이 캠핑장에 있었던 시간은 모두 27시간입니다.

유형 10 1월은 날수가 31일이므로 1월 11일부터 31일까지는 21일입니다.

2월 1일부터 28일까지는 28일입니다.

따라서 겨울 방학 기간은
21일＋28일＝49일입니다.

10-1 4월은 날수가 30일이므로 4월 3일부터 30일까지는 28일입니다.

5월 1일부터 8일까지는 8일입니다.

따라서 접수 기간은 28일＋8일＝36일입니다.

10-2 8월은 날수가 31일이므로 8월 19일부터 31일까지는 13일입니다.

9월은 날수가 30일이고, 10월은 날수가 31일입니다.

11월 1일부터 8일까지는 8일입니다.

따라서 전시회를 하는 기간은
13일＋30일＋31일＋8일＝82일입니다.

10-3 날수가 3월은 31일, 4월은 30일, 5월은 31일입니다.

따라서 수환이가 독서를 한 날은 모두
31일＋30일＋31일＝92일입니다.

유형 11 같은 요일은 7일마다 반복되므로 토요일인 날짜를 알아봅니다.

4일 $\xrightarrow{\text{7일 후}}$ 11일 $\xrightarrow{\text{7일 후}}$ 18일 $\xrightarrow{\text{7일 후}}$ 25일

따라서 이달의 넷째 토요일은 3월 25일입니다.

11-1 혁이의 생일은 9일이므로 11일 후는 20일입니다.

따라서 동호의 생일은 1월 20일입니다.

11-2 15일 $\xrightarrow{7일 후}$ 22일 $\xrightarrow{7일 후}$ 29일

따라서 8월 15일부터 2주일 후는 8월 29일입니다.

유형 12 3월은 날수가 31일입니다.

같은 요일은 7일마다 반복되므로 3월 1일과 같은 요일인 날짜를 알아봅니다.

1일 $\xrightarrow{7일 후}$ 8일 $\xrightarrow{7일 후}$ 15일 $\xrightarrow{7일 후}$ 22일 $\xrightarrow{7일 후}$ 29일

따라서 3월 29일이 수요일이므로 3월의 마지막 날인 31일은 금요일입니다.

12-1 10월은 날수가 31일입니다.

3일 $\xrightarrow{7일 후}$ 10일 $\xrightarrow{7일 후}$ 17일 $\xrightarrow{7일 후}$ 24일 $\xrightarrow{7일 후}$ 31일

10월 31일이 화요일이므로 11월 1일은 수요일입니다.

1일 $\xrightarrow{7일 후}$ 8일 $\xrightarrow{7일 후}$ 15일

따라서 11월 15일이 수요일이므로 11월 14일은 화요일입니다.

12-2 7월은 날수가 31일입니다.

1일 $\xrightarrow{7일 후}$ 8일 $\xrightarrow{7일 후}$ 15일 $\xrightarrow{7일 후}$ 22일 $\xrightarrow{7일 후}$ 29일

7월 29일이 토요일이므로 8월 1일은 화요일입니다.

1일 $\xrightarrow{7일 후}$ 8일 $\xrightarrow{7일 후}$ 15일 $\xrightarrow{7일 후}$ 22일

따라서 8월 22일이 화요일이므로 8월 26일은 토요일입니다.

12-3 4월은 날수가 30일이고, 4월 27일은 목요일이므로 4월 30일은 일요일, 5월 1일은 월요일입니다.

1일 $\xrightarrow{7일 후}$ 8일 $\xrightarrow{7일 후}$ 15일 $\xrightarrow{7일 후}$ 22일 $\xrightarrow{7일 후}$ 29일

따라서 5월 29일이 월요일이므로 5월의 마지막 날인 31일은 수요일입니다.

5단원 표와 그래프

86~88쪽 AI가 추천한 단원 평가 1회

01 트라이앵글

02 15명

03 2, 3, 5, 15

04 5명

05 2일, 5일, 9일, 10일, 14일, 20일, 23일

06 8, 7, 6, 7, 28

07 1일

08

2월의 날씨별 날수

날수(일) / 날씨	맑음	흐림	눈	비
8	○			
7	○	○		○
6	○	○	○	○
5	○	○	○	○
4	○	○	○	○
3	○	○	○	○
2	○	○	○	○
1	○	○	○	○

09 ㄹ, ㄷ, ㄱ, ㄴ

10 7칸

11

혈액형별 학생 수

학생 수(명) / 혈액형	A형	B형	AB형	O형
7	○			
6	○			
5	○	○		
4	○	○		○
3	○	○		○
2	○	○	○	○
1	○	○	○	○

12 풀이 참고, 5명

13

좋아하는 색깔별 학생 수

색깔 / 학생 수(명)	1	2	3	4	5	6	7
파란색	×	×	×	×	×	×	×
초록색	×	×	×	×			
노란색	×	×	×	×	×		
빨간색	×	×	×				

14 파란색

15 빨간색

16 7, 4, 8, 6, 25

17

18 풀이 참고, 4개

19 ㄴ

20 3, 1, 3, 9,

종류별 읽은 책 수

책 수(권) \ 종류	과학책	동시집	동화책	위인전
3	○		○	
2	○		○	○
1	○	○	○	○

10 A형이 7명으로 가장 많으므로 적어도 7칸으로 나누어야 합니다.

12 예 노란색을 좋아하는 학생 수는 전체 학생 수에서 빨간색, 초록색, 파란색을 좋아하는 학생 수를 빼면 됩니다.」❶
따라서 노란색을 좋아하는 학생은
$19-3-4-7=5$(명)입니다.」❷

채점 기준	
❶ 노란색을 좋아하는 학생 수를 구하는 방법 설명하기	2점
❷ 노란색을 좋아하는 학생 수 구하기	3점

17 $8>7>6>4$이므로 두 번째로 많이 사용한 조각은 7개를 사용한 ▲ 입니다.

18 예 가장 많이 사용한 조각은 ◣ 로 8개이고 가장 적게 사용한 조각은 ▰ 로 4개입니다.」❶
따라서 가장 많이 사용한 조각 수와 가장 적게 사용한 조각 수의 차는 $8-4=4$(개)입니다.」❷

채점 기준	
❶ 가장 많이 사용한 조각 수와 가장 적게 사용한 조각 수 각각 구하기	3점
❷ 가장 많이 사용한 조각 수와 가장 적게 사용한 조각 수의 차 구하기	2점

19 ㉡ 가래떡을 좋아하는 학생은 지수네 반은 3명이고, 장우네 반은 2명이므로 좋아하는 학생 수가 같지 않습니다.

20 그래프에서 종류별 읽은 책 수를 세어 보면 과학책은 3권, 동시집은 1권입니다.
과학책과 동화책의 수가 같으므로 동화책은 3권입니다.
합계는 $3+1+3+2=9$(권)입니다.
그래프에 동화책은 3권, 위인전은 2권만큼 ○를 한 칸에 하나씩 표시합니다.

89~91쪽 AI가 추천한 단원 평가 2회

01 여름
02 다훈, 연우, 제니
03 ④
04 2명
05 3명
06

좋아하는 과일별 학생 수

학생 수(명) \ 과일	귤	복숭아	포도	사과
7				/
6				/
5				/
4		/		/
3	/	/	/	/
2	/	/	/	/
1	/	/	/	/

07 학생 수
08 복숭아, 포도
09 7개
10 노란색
11 빨간색, 파란색
12 26개
13 6, 3, 5, 14
14 영은
15 2명
16 풀이 참고
17 예

잠을 잔 시간별 학생 수

시간 \ 학생 수(명)	1	2	3	4	5	6	7
9시간	○	○	○	○			
8시간	○	○	○	○	○	○	○
7시간	○	○	○	○	○		
6시간	○	○	○				

18 진선
19 하준, 10개
20 풀이 참고, 진선, 하준

03 봄에 태어난 학생은 상현, 채은, 차민, 슬기, 소희이므로 5명입니다.
여름에 태어난 학생은 유리, 수한, 도연이므로 3명입니다.
가을에 태어난 학생은 호정, 재이, 서중, 우현, 시우, 효찬, 다민이므로 7명입니다.
겨울에 태어난 학생은 다훈, 연우, 제니이므로 3명입니다.
합계는 $5+3+7+3=18$(명)입니다.
따라서 알맞은 수가 틀린 것은 ④입니다.

04 봄에 태어난 학생은 여름에 태어난 학생보다 $5-3=2$(명) 더 많습니다.

06 좋아하는 과일별 학생 수만큼 /을 한 칸에 하나씩 표시합니다.

08 좋아하는 학생 수가 같은 과일은 그래프에서 /의 수가 같은 복숭아와 포도입니다.

10 가장 적게 있는 연결 모형은 그래프에서 ○가 가장 적은 노란색입니다.

11 8개보다 많이 있는 연결 모형은 그래프에서 ○가 8개보다 많이 있는 빨간색, 파란색입니다.

12 교실에 있는 빨간색 연결 모형은 9개, 파란색 연결 모형은 10개, 노란색 연결 모형은 7개이므로 모두 $9+10+7=26$(개)입니다.

13 비행기를 좋아하는 학생은 6명, 버스를 좋아하는 학생은 3명, 기차를 좋아하는 학생은 5명, 합계는 $6+3+5=14$(명)입니다.

14 표를 보면 하성이가 좋아하는 교통수단을 알수 없습니다.
따라서 바르게 설명한 사람은 영은이입니다.

15 기차를 좋아하는 학생은 버스를 좋아하는 학생보다 $5-3=2$(명) 더 많습니다.

16 예 그래프의 가로에 잠을 8시간 잔 학생 수 7명을 나타낼 수 없습니다.」❶

채점 기준	
❶ 그래프를 완성할 수 없는 이유 쓰기	5점

17 가장 많은 학생 수인 7명을 나타낼 수 있도록 그래프의 가로를 7칸 또는 7칸보다 많게 하여 그립니다.

18 맞힌 문제 수가 두 번째로 많은 학생은 그래프에서 ○가 두 번째로 많은 진선이입니다.

19 문제를 가장 많이 맞힌 학생은 그래프에서 ○가 가장 많은 하준이이고, 맞힌 문제 수는 10개입니다.

20 예 문제가 한 개에 10점씩이므로 지우는 60점, 형우는 50점, 진선이는 80점, 하준이는 100점입니다.」❶
따라서 70점보다 높은 점수를 받은 학생은 진선이, 하준이입니다.」❷

채점 기준	
❶ 학생별 점수 구하기	3점
❷ 70점보다 높은 점수를 받은 학생 모두 구하기	2점

---

01 줄넘기   **02** 4명

03 4, 5, 4, 20   **04** 15명

05 3, 3, 4, 5, 15

06 많습니다   **07** 풀이 참고

08 ㉠, ㉢, ㉡   **09** 4명   **10** 사랑 마을

11 사랑 마을, 믿음 마을, 행복 마을, 기쁨 마을

12
공부한 시간별 학생 수

2시간	×							
1시간 30분	×	×	×	×				
1시간	×	×	×	×	×	×	×	
30분	×	×						
시간\학생 수(명)	1	2	3	4	5	6	7	8

13 ②   **14** 7명   **15** 4배

16
좋아하는 곤충별 학생 수

8	/			
7	/			
6	/			/
5	/			/
4	/		/	/
3	/		/	/
2	/	/	/	/
1	/	/	/	/
학생 수(명)\곤충	나비	개미	메뚜기	잠자리

17 잠자리   **18** ㉡

19
반별 남학생 수

3반	○	○	○	○	○				
2반	○	○	○	○	○	○	○		
1반	○	○	○	○	○	○			
반\학생 수(명)	1	2	3	4	5	6	7	8	9

20 풀이 참고, 2명

---

06 피자빵을 좋아하는 학생은 5명, 소금빵을 좋아하는 학생은 3명이므로 피자빵을 좋아하는 학생은 소금빵을 좋아하는 학생보다 많습니다.

07 예 전체 학생 수를 쉽게 알 수 있습니다.」❶
좋아하는 빵별 학생 수를 한눈에 보기 쉽습니다.」❷

채점 기준	
❶ 표로 나타내면 좋은 점 한 가지 쓰기	2점
❷ 표로 나타내면 좋은 점 다른 한 가지 쓰기	3점

10 4명보다 많은 학생이 사는 마을은 그래프에서 ○가 4개보다 많이 있는 사랑 마을입니다.

11 그래프에서 ○가 많을수록 사는 학생이 많습니다.

따라서 많은 학생이 사는 마을부터 차례대로 쓰면 사랑 마을, 믿음 마을, 행복 마을, 기쁨 마을입니다.

12 공부한 시간별 학생 수만큼 ×를 한 칸에 하나씩 표시합니다.

13 가장 많은 학생들이 공부한 시간은 그래프에서 ×가 가장 많은 ② 1시간입니다.

14 1시간 공부한 학생은 2시간 공부한 학생보다 $8-1=7$(명) 더 많습니다.

15 1시간 공부한 학생은 8명이고, 30분 공부한 학생은 2명입니다.

$2 \times 4 = 8$이므로 1시간 공부한 학생 수는 30분 공부한 학생 수의 4배입니다.

16 나비를 좋아하는 학생은

$20-2-4-6=8$(명)입니다.

따라서 그래프의 나비에 8명만큼 /을 한 칸에 하나씩 표시합니다.

17 학생들이 두 번째로 좋아하는 곤충은 그래프에서 /이 두 번째로 많은 잠자리입니다.

19 1반의 남학생 수는 2반의 여학생 수보다 2명 더 많으므로 $6+2=8$(명)입니다.

1반과 3반의 남학생 수는 같으므로 3반의 남학생 수는 8명입니다.

따라서 그래프의 1반 남학생에 8명만큼, 3반 남학생에 8명만큼 ○를 한 칸에 하나씩 표시합니다.

20 **예** 1반의 학생 수는 $8+9=17$(명), 2반의 학생 수는 $9+6=15$(명)이고, 3반의 학생 수는 $8+8=16$(명)입니다.」❶

학생 수가 가장 많은 반은 1반이고, 가장 적은 반은 2반입니다.

따라서 학생 수가 가장 많은 반과 가장 적은 반의 학생 수의 차는 $17-15=2$(명)입니다.」❷

채점 기준	
❶ 반별 학생 수 구하기	3점
❷ 학생 수가 가장 많은 반과 가장 적은 반의 학생 수의 차 구하기	2점

95~97쪽 AI가 추천한 단원 평가 4회

01 6개
02 24개
03 10, 6, 8, 24
04 □
05 ○
06 음식

07
좋아하는 음식별 학생 수

5		○		
4				○
3	○	○	○	○
2	○	○	○	○
1	○	○	○	○
학생 수(명)/음식	비빔밥	잡채	불고기	햄버거

08 표, 그래프
09 풀이 참고, 19권
10 동화책
11 위인전
12 7, 5, 3, 3, 18
13 호랑이
14 ©

15
색깔별 공깃돌 수

7		×		×
6		×		×
5	×	×		×
4	×	×		×
3	×	×	×	×
2	×	×	×	×
1	×	×	×	×
공깃돌 수(개)/색깔	노란색	파란색	초록색	분홍색

16 파란색, 4개
17 노랑, 2, 초록, 4(또는 초록, 4, 노랑, 2)
18 풀이 참고, 6 / 6, 10
19 공원, 공원
20 **예** 공원

---

03 서랍에 있는 단추는 ○ 모양이 10개, △ 모양이 6개, □ 모양이 8개이고 합계는 $10+6+8=24$(개)입니다.

05 $10>8>6$이므로 가장 많은 단추는 ○ 모양입니다.

09 **예** 책장에 있는 위인전은 5권, 동화책은 7권, 과학책은 4권, 문제집은 3권입니다.」❶

따라서 책장에 있는 책은 모두 $5+7+4+3=19$(권)입니다.」❷

채점 기준	
❶ 책장에 있는 종류별 책 수 구하기	3점
❷ 책장에 있는 책은 모두 몇 권인지 구하기	2점

10 책장에 가장 많이 있는 책은 그래프에서 ○가 가장 많은 동화책입니다.

11 그래프에서 위인전과 과학책의 ○의 수를 비교하면 위인전이 더 많으므로 위인전이 더 많습니다.

13 좋아하는 학생 수가 토끼와 같은 3명인 동물은 호랑이입니다.

14 ○ 자료와 표 중에서 다민이네 반 전체 학생 수를 쉽게 알 수 있는 것은 표입니다.
따라서 잘못 설명한 것은 ○입니다.

15 색깔별 공깃돌 수만큼 ×를 한 칸에 하나씩 표시합니다.

16 파란색 공깃돌은 7개이고, 초록색 공깃돌은 3개입니다.
따라서 파란색 공깃돌이 $7-3=4$(개) 더 많습니다.

17 노란색 공깃돌은 5개 있으므로 $7-5=2$(개)가 없어졌습니다.
초록색 공깃돌은 3개 있으므로 $7-3=4$(개)가 없어졌습니다.

18 **예** 식물원에 가고 싶은 1반 학생은
$20-4-3-7=6$(명)입니다.❶
미술관에 가고 싶은 2반 학생 수는 식물원에 가고 싶은 1반 학생 수와 같으므로 6명입니다.❷
공원에 가고 싶은 2반 학생은
$23-5-6-2=10$(명)입니다.❸

채점 기준	
❶ 식물원에 가고 싶은 1반 학생 수 구하기	2점
❷ 미술관에 가고 싶은 2반 학생 수 구하기	2점
❸ 공원에 가고 싶은 2반 학생 수 구하기	1점

19 • $7>6>4>3$이므로 1반에서 가장 많은 학생들이 가고 싶은 체험 학습 장소는 공원입니다.
• $10>6>5>2$이므로 2반에서 가장 많은 학생들이 가고 싶은 체험 학습 장소는 공원입니다.

20 1반과 2반 모두 가장 많은 학생들이 가고 싶은 장소가 공원이므로 체험 학습 장소는 공원으로 정하는 것이 좋겠습니다.

98~103쪽 틀린 유형 다시 보기

유형 1 19명 **1-1** 20명

1-2 21장 **1-3** 12권

유형 2 2자루 **2-1** 6개

2-2 5일 **2-3** 3명

유형 3 2, 3, 2, 1, 3, 4, 15

3-1 4, 6, 7, 9, 26 **유형 4** 30잔

4-1 26대 **유형 5** 과자, 과일

5-1 초록색, 파란색 **유형 6** 4

6-1 6, 6 **6-2** 4, 8

유형 7 1, 3,

종류별 꽃의 수

꽃의 수(송이) / 종류	백일홍	과꽃	수국	백합
4			○	
3		○	○	○
2		○	○	○
1	○	○	○	○

7-1 2, 3,

색깔별 사탕 수

사탕 수(개) / 색깔	빨간색	노란색	하늘색	주황색
4				/
3			/	/
2		/	/	/
1	/	/	/	/

7-2 5, 3,

취미별 학생 수

학생 수(명) / 취미	독서	운동	영화감상	음악감상
6				×
5	×			×
4	×			×
3	×		×	×
2	×		×	×
1	×	×	×	×

7-3 7, 2, 21,

판매한 종류별 붕어빵 수

종류 / 붕어빵 수(개)	1	2	3	4	5	6	7	8
치즈	/	/	/					
고구마	/	/						
슈크림	/	/	/	/	/	/	/	
팥		/	/	/	/	/		

유형 8 여행하고 싶은 나라별 학생 수

학생 수(명) \ 나라	스페인	미국	일본	이탈리아
7		○		
6		○		
5		○		○
4		○		○
3	○	○	○	○
2	○	○	○	○
1	○	○	○	○

8-1 좋아하는 계절별 학생 수

학생 수(명) \ 계절	봄	여름	가을	겨울
7	/		/	
6	/		/	
5	/		/	
4	/	/	/	
3	/	/	/	
2	/	/	/	/
1	/	/	/	/

8-2 학생별 줄넘기 연습 횟수

횟수(회) \ 이름	서후	규리	차민	도연
6		×		
5		×		×
4		×		×
3	×	×	×	×
2	×	×	×	×
1	×	×	×	×

8-3 판매한 종류별 옷의 수

종류 \ 옷의 수(장)	1	2	3	4	5	6
원피스	○	○				
반바지	○	○	○	○	○	
청바지	○	○	○			
티셔츠	○	○	○	○	○	○

유형 1 비사치기를 좋아하는 학생은 6명, 투호를 좋아하는 학생은 7명, 제기차기를 좋아하는 학생은 4명, 공기놀이를 좋아하는 학생은 2명입니다.
따라서 성범이네 반 학생은 모두
6＋7＋4＋2＝19(명)입니다.

1-1 당근을 좋아하는 학생은 8명, 오이를 좋아하는 학생은 6명, 시금치를 좋아하는 학생은 2명, 콩나물을 좋아하는 학생은 4명입니다.
따라서 지영이네 반 학생은 모두
8＋6＋2＋4＝20(명)입니다.

1-2 옷장에 있는 빨간색 티셔츠는 3장, 주황색 티셔츠는 9장, 노란색 티셔츠는 2장, 파란색 티셔츠는 4장, 보라색 티셔츠는 3장입니다.
따라서 옷장에 있는 티셔츠는 모두
3＋9＋2＋4＋3＝21(장)입니다.

1-3 용식이가 읽은 책은 2권이므로 윤희가 읽은 책도 2권입니다. 따라서 가영이네 모둠 학생들이 일주일 동안 읽은 책은 모두
5＋2＋3＋2＝12(권)입니다.

유형 2 연필은 5자루, 색연필은 3자루입니다. 따라서 연필은 색연필보다 5－3＝2(자루) 더 많습니다.

2-1 단체 줄넘기를 3모둠은 10개, 1모둠은 4개 했습니다. 따라서 3모둠은 1모둠보다 단체 줄넘기를 10－4＝6(개) 더 많이 했습니다.

2-2 미세 먼지 나쁨 날수가 3월은 9일, 2월은 4일입니다. 따라서 3월은 2월보다 미세 먼지 나쁨 날수가 9－4＝5(일) 더 많습니다.

2-3 카네이션을 좋아하는 학생은 6명, 민들레를 좋아하는 학생은 3명, 벚꽃을 좋아하는 학생은 8명이므로 장미를 좋아하는 학생은
22－6－3－8＝5(명)입니다.
따라서 벚꽃을 좋아하는 학생은 장미를 좋아하는 학생보다 8－5＝3(명) 더 많습니다.

유형 3 주사위 눈의 수별로 /의 수를 셉니다.

3-1 월별로 ○의 수를 셉니다.

유형 4 가장 많이 판매한 음료수는 우유로 60잔이고, 가장 적게 판매한 음료수는 수정과로 30잔입니다. 따라서 가장 많이 판매한 음료수 수와 가장 적게 판매한 음료수 수의 차는 60－30＝30(잔)입니다.

4-1 자전거가 가장 많은 마을은 해님 마을로 51대이고, 가장 적은 마을은 영웅 마을로 25대입니다. 따라서 자전거가 가장 많은 마을의 자전거 수와 가장 적은 마을의 자전거 수의 차는 51－25＝26(대)입니다.

유형 5 ·9>7>5>1이므로 3반에서 가장 많은 학생들이 좋아하는 간식은 과자입니다.

·8>7>3>2이므로 4반에서 가장 많은 학생들이 좋아하는 간식은 과일입니다.

5-1 ·8<9<12<16이므로 서중이네 모둠에서 가장 적게 가지고 있는 구슬은 초록색입니다.

·7<10<14<15이므로 소희네 모둠에서 가장 적게 가지고 있는 구슬은 파란색입니다.

유형 6 받고 싶은 선물이 옷인 학생 수는 전체 학생 수에서 학용품, 게임기, 책을 받고 싶은 학생 수를 빼면 됩니다.

따라서 옷을 받고 싶은 학생은
19-5-9-1=4(명)입니다.

6-1 판매한 초콜릿 케이크 수는 딸기 케이크 수의 2배이므로 3×2=6(개)입니다.

치즈 케이크 수는 판매한 전체 케이크 수에서 판매한 초콜릿 케이크, 생크림 케이크, 딸기 케이크 수를 빼면 되므로
20-6-5-3=6(개)입니다.

6-2 수학과 통합 수업 수의 합은
23-7-4=12(회)입니다. 통합 수업 수가 수학 수업 수의 2배이므로 수학 수업 수를 □회라고 하면 통합 수업 수는 □+□(회)이므로 □+□+□=12, □=4입니다.

따라서 수학 수업 수는 4회, 통합 수업 수는 8회입니다.

유형 7 그래프에서 종류별 꽃의 수를 세어 보면 백일홍은 1송이, 백합은 3송이입니다.

과꽃은 3송이, 수국은 4송이만큼 그래프에 ○를 한 칸에 하나씩 표시합니다.

7-1 그래프에서 색깔별 사탕 수를 세어 보면 빨간색은 2개, 하늘색은 3개입니다.

노란색은 1개, 주황색은 4개만큼 그래프에 /을 한 칸에 하나씩 표시합니다.

7-2 그래프에서 취미별 학생 수를 세어 보면 독서는 5명, 영화 감상은 3명입니다.

운동은 1명, 음악 감상은 6명만큼 그래프에 ×를 한 칸에 하나씩 표시합니다.

7-3 그래프에서 판매한 종류별 붕어빵 수를 세어 보면 슈크림은 7개, 고구마는 2개입니다.

팥은 8개, 치즈는 4개만큼 그래프에 /을 한 칸에 하나씩 표시합니다.

유형 8 미국을 여행하고 싶은 학생 수는 전체 학생 수에서 여행하고 싶은 나라가 스페인, 일본, 이탈리아인 학생 수를 빼면 되므로
18-3-3-5=7(명)입니다.

따라서 그래프에 미국은 7명만큼 ○를 한 칸에 하나씩 표시합니다.

8-1 봄을 좋아하는 학생 수와 가을을 좋아하는 학생 수의 합은 20-4-2=14(명)입니다.

봄을 좋아하는 학생 수와 가을을 좋아하는 학생 수가 같으므로 각각 7명입니다.

따라서 그래프에 봄은 7명, 가을은 7명만큼 /을 한 칸에 하나씩 표시합니다.

8-2 서후가 연습한 횟수와 규리가 연습한 횟수의 합은 17-3-5=9(회)입니다.

규리가 연습한 횟수가 서후가 연습한 횟수의 2배이므로 서후가 연습한 횟수를 □회라고 하면 규리가 연습한 횟수는 □+□(회)이므로 □+□+□=9, □=3입니다.

서후가 연습한 횟수는 3회, 규리가 연습한 횟수는 6회입니다.

따라서 그래프에 서후는 3회, 규리는 6회만큼 ×를 한 칸에 하나씩 표시합니다.

8-3 판매한 원피스는 2장이므로 판매한 티셔츠의 수는 원피스의 수의 3배인 2×3=6(장)입니다.

판매한 원피스는 2장이고, 판매한 원피스의 수와 청바지의 수의 합은 5장이므로 청바지의 수는 5-2=3(장)입니다.

따라서 그래프에 티셔츠는 6장, 청바지는 3장만큼 ○를 한 칸에 하나씩 표시합니다.

정답 및 풀이

6단원 **규칙 찾기**

106~108쪽 **AI가 추천한 단원 평가** **1회**

01 1 02 1 03 2, 1

04 ④ 05 ▲ ▲ ▲ ▲

06
▲	▲	▲	▲	▲	▲
▲	▲	▲	▲	▲	▲
▲	▲	▲	▲	▲	▲

07
1	2	3	2	1	2	3
2	1	2	3	2	1	2
3	2	1	2	3	2	1

08 ㉤, ◎ 09 16개

10
+	1	3	5	7
1	2	4	6	8
3	4	6	8	10
5	6	8	10	12
7	8	10	12	14

11 풀이 참고

12 72

13 ㉠

14 12시 10분 15 16개

16
+	3			
2	5	9		17
5	8		16	
	11	15	⑳	23
	14	18	22	

17 규칙

18 55개

19 풀이 참고, 32 20 검은색 바둑돌

04 ◆ = 7 + 6 = 13

08 보라색으로 색칠되어 있는 부분이 시계 방향으로 돌아가는 규칙입니다.

11 예 오른쪽으로 갈수록 2씩 커지는 규칙이 있습니다.」❶
아래쪽으로 내려갈수록 2씩 커지는 규칙이 있습니다.」❷

채점 기준
❶ 규칙을 한 가지 찾아 쓰기	2점
❷ 규칙을 다른 한 가지 찾아 쓰기	3점

12 ㉠ = 4 × 6 = 24, ㉡ = 6 × 8 = 48
따라서 ㉠과 ㉡에 알맞은 수의 합은
24 + 48 = 72입니다.

14 시계가 나타내는 시각은 10시 10분, 10시 40분, 11시 10분, 11시 40분이므로 시간이 30분씩 늘어나는 규칙이 있습니다. 따라서 마지막 시계가 나타내는 시각은 12시 10분입니다.

15 쌓기나무가 아래층으로 내려갈수록 2개씩 늘어나는 규칙이 있습니다. 따라서 4층으로 쌓으려면 1층에 7개를 놓아야 하므로 쌓기나무는 모두 7 + 5 + 3 + 1 = 16(개) 필요합니다.

16 덧셈표를 채우면 다음과 같습니다.

+	3	7	11	15
2	5	9	13	17
5	8	12	16	20
8	11	15	20	23
11	14	18	22	26

8 + 11 = 19이므로 잘못된 칸은 8 + 11입니다.

17 ㄱ, ㅊ, ㅠ, ㅣ가 반복되는 규칙이 있습니다. 따라서 빈칸에 들어갈 자음자와 모음자는 순서대로 ㄱ, ㅠ, ㅊ, ㅣ, ㄱ이므로 '규칙'입니다.

18 그림의 쌓기나무에서 1층은 3개씩 3줄, 2층은 2개씩 2줄, 3층은 1개로 된 모양입니다. 25개는 5개씩 5줄이므로 1층의 쌓기나무가 25개인 모양은 1층은 5개씩 5줄, 2층은 4개씩 4줄, 3층은 3개씩 3줄, 4층은 2개씩 2줄, 5층은 1개로 된 모양이어야 합니다. 따라서 쌓기나무는 모두 25 + 16 + 9 + 4 + 1 = 55(개)입니다.

19 예 36에서 아래쪽으로 내려갈수록 6씩 커지므로 42 + 6 = 48입니다.
56에서 왼쪽으로 갈수록 8씩 작아지므로 48 - 8 = 40, 40 - 8 = 32입니다.」❶
따라서 ♥에 알맞은 수는 32입니다.」❷

채점 기준
❶ 곱셈표에서 규칙 찾기	4점
❷ ♥에 알맞은 수 구하기	1점

20 다섯째에 이어질 모양은 다음과 같습니다.

검은색 바둑돌은 15개, 흰색 바둑돌은 10개 놓이므로 검은색 바둑돌이 더 많이 놓입니다.

01 (위에서부터) 21, 20, 30, 24　　02 3

03 7　　　　　　04 ●　　　　　05 ㉠, ㉢

06 4　　　　　　07 다희　　　　　08 ㉡

09 3개씩　　　　10 14개　　　　11 ㉡

12 사과　　　　　13 23　　　　　14 ㉡

15 풀이 참고　　　16 오후 1시 30분

17 풀이 참고, 10개　　　　　　　　18 6

19 8월　　　　　　20 ㉣

04 ◐, ◑, ●가 반복되는 규칙이 있습니다.

07 1개씩 3줄, 2개씩 3줄, 3개씩 3줄이므로 규칙에 따라 □ 안에 알맞은 모양을 그리면 4개씩 3줄입니다.

08 ㉠ 곱셈표에는 홀수 9가 있습니다.
따라서 곱셈표에 있는 수가 모두 짝수인 곱셈표는 ㉡입니다.

09 가운데 1개씩 3층짜리 쌓기나무가 늘어나는 규칙이 있으므로 쌓기나무가 3개씩 늘어납니다.

10 다음에 이어질 모양에 쌓을 쌓기나무는 모두 $11+3=14$(개)입니다.

11 위쪽으로 올라갈수록 1씩 커집니다.
따라서 14층은 10층에서 위쪽으로 4칸 올라간 ㉡ 버튼을 눌러야 합니다.

12 사과와 포도가 반복되는 규칙이 있습니다.
사과는 1개에서부터 1개씩 늘어나고, 포도는 2개에서부터 1개씩 늘어나는 규칙이 있습니다.
따라서 □ 안에 알맞은 과일은 사과입니다.

13 ㉠$=6+4=10$, ㉡$=7+6=13$입니다.
따라서 ㉠과 ㉡에 알맞은 수의 합은 $10+13=23$입니다.

14 ㉠ 으로 색칠한 수는 위쪽으로 올라갈수록 1씩 작아지는 규칙이 있습니다.
㉡ 으로 색칠한 수는 ＼ 방향으로 갈수록 2씩 커지는 규칙이 있습니다.
따라서 덧셈표에서 찾을 수 있는 규칙은 ㉡입니다.

15 예 버스의 출발 시각을 보면 오전 6시 50분, 오전 8시 10분, 오전 9시 30분, 오전 10시 50분이므로 1시간 20분씩 지나는 규칙이 있습니다. 」❶

채점 기준	
❶ 버스 출발 시각의 규칙 알기	5점

16 5회 버스는 오후 12시 10분, 6회 버스는 오후 1시 30분에 출발합니다.

17 예 1층은 3개, 2층은 2개, 3층은 1개로 된 모양이므로 쌓기나무가 아래층으로 내려갈수록 1개씩 늘어나는 규칙이 있습니다. 」❶
4층으로 쌓으려면 1층에 4개를 놓아야 합니다.
따라서 1층에 4개, 2층에 3개, 3층에 2개, 4층에 1개이므로 쌓기나무는 모두
$4+3+2+1=10$(개) 필요합니다. 」❷

채점 기준	
❶ 쌓기나무의 규칙 알기	3점
❷ 4층으로 쌓으려면 필요한 쌓기나무의 수 구하기	2점

18 오른쪽으로 갈수록 2씩 커지고, 아래쪽으로 내려갈수록 2씩 커지는 규칙이 있습니다.
$18+2=20$, $20+2=22$이므로 ㉠$=22$입니다.
$18+2=20$이므로 ㉡$=20$입니다.
$20-2=18$이므로 ㉢$=18$입니다.
$22+2=24$이므로 ㉣$=24$입니다.
따라서 가장 큰 수는 24, 가장 작은 수는 18이므로 그 차는 $24-18=6$입니다.

19 같은 요일은 7일마다 반복되므로 6월 16일, 23일, 30일은 모두 토요일입니다.
6월 이후로 31일까지 있는 달은 7월, 8월, 10월, 12월입니다.
7월 1일, 8일, 15일, 22일, 29일은 일요일입니다. 8월 1일, 8일, 15일, 22일, 29일은 수요일입니다.
따라서 6월 아래로 보이는 달력은 8월입니다.

20 상자의 앞면은 노란색, 흰색이 반복되고, 윗면은 초록색, 파란색, 분홍색이 반복되고, 옆면은 흰색, 노란색이 반복되는 규칙이 있습니다.
따라서 14번째 상자의 앞면은 흰색, 윗면은 파란색, 옆면은 노란색이므로 ㉣입니다.

112~114쪽 AI가 추천한 단원 평가 3회

01 3, 1

02 16, 18, 18, 20

03 2

04 ③

05 ㉢

06 6씩

07 16개

08 (시작에서 시계 방향으로) ㉡, ㉢, ㉡

09 수아

10
+	1	3	5	7
1	2	4	6	8
3	4	6	8	10
5	6	8	10	12
7	8	10	12	14

11 같습니다

12 ㉡

13 (○) (   )

14 45, 42, 49, 56

15 풀이 참고, 3일, 10일, 17일, 24일

16 24일

17 일요일

18 풀이 참고, 18개

19 6층

20 빨간색

08 ●●●이 반복되는 규칙이 있습니다.

09 아래층으로 내려갈수록 수아는 2개씩, 민지는 1개씩 늘어나는 규칙이 있습니다.

10
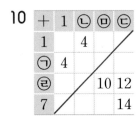

㉠+1=4이므로 ㉠=3입니다.
1+㉡=4이므로 ㉡=3입니다.
7+㉢=14이므로 ㉢=7입니다.
㉣+㉢=㉣+7=12이므로 ㉣=5입니다.
㉣+㉤=5+㉤=10이므로 ㉤=5입니다.
오른쪽으로 갈수록 2씩 커지는 규칙이 있습니다.

12 규칙에 맞게 곱셈표를 채우면 다음과 같습니다.

×	3	5	7
3	9	15	21
5	15	25	35
7	21	35	49

따라서 파란색 선 위의 수의 규칙으로 알맞은 것은 ㉡입니다.

14 35에서 오른쪽으로 갈수록 5씩 커지므로 40+5=45입니다.
35에서 아래쪽으로 내려갈수록 7씩 커지므로 42+7=49입니다.
40에서 아래쪽으로 내려갈수록 8씩 커지므로 48+8=56입니다.
56에서 왼쪽으로 갈수록 7씩 작아지므로 49-7=42입니다.

15 예 같은 요일은 7일마다 반복되고 11월은 30일까지 있습니다. ❶
11월의 금요일인 날짜는 3일, 10일, 17일, 24일입니다. ❷

채점 기준	
❶ 달력의 규칙 알기	3점
❷ 11월의 금요일인 날짜 모두 구하기	2점

16 11월의 금요일은 3일, 10일, 17일, 24일이므로 넷째 금요일은 24일입니다.

17 11월 2일, 9일, 16일, 23일, 30일이 목요일이므로 12월 1일은 금요일입니다.
12월 8일도 금요일이므로 12월 10일은 일요일입니다.

18 예 연결 모형은 9개, 12개, 15개로 3개씩 늘어나는 규칙이 있습니다. ❶
따라서 다음에 이어질 모양을 만드는 데 필요한 연결 모형은 모두 15+3=18(개)입니다. ❷

채점 기준	
❶ 연결 모형의 규칙 알기	3점
❷ 다음에 이어질 모양을 만드는 데 필요한 연결 모형의 수 구하기	2점

19 아래층으로 내려갈수록 벽돌이 1개씩 늘어나는 규칙이 있습니다.
따라서 1+2+3+4+5+6=21이므로 6층으로 쌓은 것입니다.

20 빨간색, 노란색, 파란색 구슬이 반복되는 규칙이 있습니다. 3개를 꿰고 난 후 다시 처음부터 빨간색 구슬을 꿰어야 하므로 구슬 31개를 꿰려면 3개씩 10번 꿰고 1개를 더 꿰어야 합니다.
따라서 31번째 구슬은 첫 번째 구슬과 같은 빨간색입니다.

01

02 노란색

03 1, 1, 3

04 16

05 16

06 (○) (　)

07 아래쪽, 3

08 ㉡

09 7

10 초록색, 파란색, 분홍색

11 15개

12 11, 9, 10, 12

13 (○) (　)

14 9개

15 2칸

16 6칸

17 풀이 참고, 9

18 33번

19 50번

20 풀이 참고

---

10 분홍색, 파란색, 초록색이 반복되는 규칙이 있습니다.
따라서 ㉠은 초록색, ㉡은 파란색, ㉢은 분홍색 구슬을 꿰어야 합니다.

11 쌓기나무는 3개, 6개, 10개이고, 쌓기나무가 3개, 4개……씩 늘어나는 규칙이 있습니다.
따라서 다음에 이어질 모양에 쌓을 쌓기나무는 10＋5＝15(개)입니다.

12 8에서 아래쪽으로 내려갈수록 1씩 커지므로 9＋1＝10입니다.
10에서 왼쪽으로 갈수록 1씩 작아지므로 10－1＝9입니다.
10에서 아래쪽으로 내려갈수록 1씩 커지므로 10＋1＝11, 11＋1＝12입니다.

14 쌓기나무가 4개씩 늘어나는 규칙이므로 빈칸에 들어갈 모양을 만드는 데 필요한 쌓기나무는 5＋4＝9(개)입니다.

15 규칙에 따라 덧셈표를 채우면 다음과 같습니다.

＋	6	7	8	9
6	12	13	14	15
7	13	14	15	16
8	14	15	16	17
9	15	16	17	18

㉠에 알맞은 수는 14이므로 같은 수가 있는 곳은 2칸입니다.

16 ㉡에 알맞은 수는 15이므로 15보다 큰 수는 16, 17, 18입니다.
16이 있는 칸은 3칸, 17이 있는 칸은 2칸, 18이 있는 칸은 1칸이므로 모두
3＋2＋1＝6(칸)입니다.

17 예 시계가 나타내는 시각은 8시, 8시 5분, 8시 15분, 8시 30분, 8시 50분이므로 시간이 5분, 10분, 15분, 20분……씩 늘어나는 규칙이 있습니다.」❶
여섯 번째 시계는 25분 늘어난 9시 15분, 일곱 번째 시계는 30분 늘어난 9시 45분입니다.」❷
따라서 일곱 번째 시계의 긴바늘이 가리키는 숫자는 9입니다.」❸

채점 기준	
❶ 시계의 규칙 알기	2점
❷ 일곱 번째 시계가 나타내는 시각 알기	2점
❸ 일곱 번째 시계의 긴바늘이 가리키는 숫자 구하기	1점

18 의자 번호는 오른쪽으로 갈수록 1씩 커지고 뒤로 갈수록 14씩 커집니다.
나 열 다섯째 의자 번호는 5＋14＝19(번)이므로 윤희가 앉을 다 열 다섯째 의자 번호는
19＋14＝33(번)입니다.

19 가 열 여덟째 의자 번호는 8번이므로 나 열 여덟째 의자 번호는 8＋14＝22(번)이고, 용식이가 앉은 다 열 여덟째 의자 번호는
22＋14＝36(번)입니다.
따라서 진선이가 앉은 의자 번호는
36＋14＝50(번)입니다.

20

×	3	4	5	6
3	9	12	15	18
4	12	16	20	24
5	15	20	25	30
6	18	24	30	36 |❶

예 3단의 수는 오른쪽으로 갈수록, 아래쪽으로 내려갈수록 3씩 커지는 규칙이 있습니다.」❷

채점 기준	
❶ 곱셈표 완성하기	3점
❷ 규칙을 찾아 쓰기	2점

참고 ●단의 수는 오른쪽으로 갈수록, 아래쪽으로 내려갈수록 ●씩 커지는 규칙이 있습니다.

틀린 유형 다시 보기

118~123쪽

유형1 12, 17   **1-1** 30, 36, 36, 42

1-2 88   **유형2** 45, 42

2-1 18, 20   **2-2** 87

유형3 11시 20분   **3-1** 7시 20분

3-2 6   **유형4** 오후 3시 55분

4-1 오후 6시 40분   **유형5** 금요일

5-1 수요일   **5-2** 수요일

유형6 다 열 넷째 자리

6-1 33번   **6-2** 34번

유형7 검은색   **7-1** 축구공   **7-2** ㉠

7-3 초록색   **7-4** 3칸   **유형8** ㄴ, 흰색

8-1 20, 분홍색   **8-2** ②

유형9

+	1	4	7	10
1	2	5	8	11
4	5	8	11	14
7	8	11	14	17
10	11	14	17	20

9-1

+	1	3	5	7	9
1	2	4	6	8	10
3	4	6	8	10	12
5	6	8	10	12	14
7	8	10	12	14	16
9	10	12	14	16	18

9-2

+	2	4	6	8	10
2	4	6	8	10	12
4	6	8	10	12	14
6	8	10	12	14	16
8	10	12	14	16	18
10	12	14	16	18	20

9-3

+	2	6	10	14	18
2	4	8	12	16	20
6	8	12	16	20	24
10	12	16	20	24	28
14	16	20	24	28	32
18	20	24	28	32	36

예 오른쪽으로 갈수록 4씩 커지는 규칙이 있습니다.

유형10

×	2	3	4	5
2	4	6	8	10
3	6	9	12	15
4	8	12	16	20
5	10	15	20	25

10-1

×	2	4	6	8
2	4	8	12	16
4	8	16	24	32
6	12	24	36	48
8	16	32	48	64

10-2

×	1	3	5	7	9
1	1	3	5	7	9
3	3	9	15	21	27
5	5	15	25	35	45
7	7	21	35	49	63
9	9	27	45	63	81

10-3

×	3	4	5	6	7
3	9	12	15	18	21
4	12	16	20	24	28
5	15	20	25	30	35
6	18	24	30	36	42
7	21	28	35	42	49

예 3단의 수는 오른쪽으로 갈수록, 아래쪽으로 내려갈수록 3씩 커집니다.

유형1 15에서 왼쪽으로 갈수록 1씩 작아지므로 13－1＝12입니다.

15에서 아래쪽으로 내려갈수록 1씩 커지므로 16＋1＝17입니다.

1-1 30에서 아래쪽으로 내려갈수록 3씩 커지므로 33＋3＝36입니다.

33에서 아래쪽으로 내려갈수록 3씩 커지므로 33＋3＝36, 39＋3＝42입니다.

39에서 왼쪽으로 갈수록 3씩 작아지므로 33－3＝30입니다.

1-2 36에서 오른쪽으로 갈수록 4씩 커지므로 ㉠＝40＋4＝44입니다.

40에서 오른쪽으로 갈수록 4씩 커지므로 ㉡＝40＋4＝44입니다.

따라서 44＋44＝88입니다.

유형 2 30에서 오른쪽으로 갈수록 5씩 커지므로
40＋5＝45입니다.
28에서 아래쪽으로 내려갈수록 7씩 커지므로 35＋7＝42입니다.

2-1 32에서 왼쪽으로 갈수록 4씩 작아지므로
24－4＝20입니다.
30에서 위쪽으로 올라갈수록 6씩 작아지므로 24－6＝18입니다.

2-2 21에서 오른쪽으로 갈수록 7씩 커지므로
㉠＝35＋7＝42입니다.
30에서 아래쪽으로 내려갈수록 5씩 커지므로 ㉡＝40＋5＝45입니다.
따라서 42＋45＝87입니다.

유형 3 시계가 나타내는 시각은 9시 20분, 9시 50분, 10시 20분, 10시 50분이므로 시간이 30분씩 늘어나는 규칙이 있습니다.
따라서 마지막 시계가 나타내는 시각은 11시 20분입니다.

3-1 시계가 나타내는 시각은 2시 40분,
3시 50분, 5시, 6시 10분이므로 시간이 1시간 10분씩 늘어나는 규칙이 있습니다.
따라서 마지막 시계가 나타내는 시각은 7시 20분입니다.

3-2 시계가 나타내는 시각은 11시, 11시 10분,
11시 30분, 12시, 12시 40분이므로 시간이 10분, 20분, 30분, 40분……씩 늘어나는 규칙이 있습니다. 여섯 번째 시계는 50분이 늘어나므로 1시 30분, 일곱 번째 시계는 60분이 늘어나므로 2시 30분입니다.
따라서 일곱 번째 시계의 긴바늘이 가리키는 숫자는 6입니다.

유형 4 비행기의 출발 시각은 1시간 5분씩 지나는 규칙입니다.
따라서 5회 비행기는 오후 2시 50분에, 6회 비행기는 오후 3시 55분에 출발합니다.

4-1 버스의 출발 시각은 2시간 20분씩 지나는 규칙입니다.
따라서 4회 버스는 오후 2시에, 5회 버스는 오후 4시 20분에, 6회 버스는 오후 6시 40분에 출발합니다.

유형 5 같은 요일은 7일마다 반복되고 8일이 수요일이므로 15일, 22일, 29일도 수요일입니다.
따라서 3월의 마지막 날은 31일이므로 금요일입니다.

5-1 같은 요일은 7일마다 반복되므로 4월의 일요일은 2일, 9일, 16일, 23일, 30일입니다.
4월은 30일까지 있으므로 5월 1일, 8일은 월요일이고, 10일은 수요일입니다.

5-2 5월은 31일까지 있으므로 영민이의 생일은 5월 31일입니다.
같은 요일은 7일마다 반복되므로 5월의 월요일은 1일, 8일, 15일, 22일, 29일입니다.
따라서 31일은 수요일입니다.

유형 6 의자 번호는 오른쪽으로 갈수록 1씩 커지고 뒤로 갈수록 13씩 커집니다.
다 열 첫째 의자 번호는 14＋13＝27(번)이므로 30번은 다 열 넷째 자리입니다.

6-1 의자 번호는 오른쪽으로 갈수록 1씩 커지고 뒤로 갈수록 12씩 커집니다.
나 열 아홉째 의자 번호는 9＋12＝21(번)이므로 민정이가 앉을 다 열 아홉째 의자 번호는 21＋12＝33(번)입니다.

6-2 의자 번호는 오른쪽으로 갈수록 1씩 커지고 뒤로 갈수록 10씩 커집니다.
나 열 넷째 의자 번호는 4＋10＝14(번)이므로 하리의 자리인 다 열 넷째 의자 번호는 14＋10＝24(번)입니다.
따라서 두리가 앉은 자리는 라 열 넷째이므로 24＋10＝34(번)입니다.

유형 7 검은색 2개, 흰색 2개가 번갈아 가며 반복되는 규칙이 있습니다.

4개를 놓고 다시 처음부터 검은색 바둑돌을 놓아야 하므로 30개를 놓으려면 4개씩 7번 놓고 2개를 더 놓아야 합니다. 따라서 30번째 바둑돌은 두 번째와 같은 검은색입니다.

7-1 축구공, 배구공, 축구공, 야구공이 반복되는 규칙이 있습니다.

4개를 놓고 다시 처음부터 축구공을 놓아야 하므로 15개를 놓으려면 4개씩 3번 놓고 3개를 더 놓아야 합니다. 따라서 15번째 공은 세 번째와 같은 축구공입니다.

7-2 쌓기나무 2개, 4개가 반복되는 규칙이 있습니다.

21번째 모양은 2가지 모양을 10번 놓고 첫 번째 모양을 더 놓아야 합니다. 따라서 21번째 모양은 첫 번째 모양과 같은 ㉠입니다.

7-3 빨간색, 파란색, 초록색이 반복되는 규칙이 있습니다.

3개를 놓고 다시 처음부터 빨간색을 놓아야 하므로 21개를 놓으려면 3개씩 7번 놓아야 합니다. 따라서 21번째 놓이는 전구는 세 번째 모양과 같은 초록색입니다.

7-4 ※의 삼각형을 시계 방향으로 1칸씩 더 색칠하고 8칸을 모두 색칠하면 다시 처음부터 ※를 놓는 규칙이 있습니다. 따라서 19번째 모양은 3칸을 색칠한 것과 같습니다.

유형 8 ㄱ, ㄴ, ㄷ이 반복되고, 검은색, 흰색이 반복되는 규칙이 있습니다. 따라서 다음에 이어질 카드는 ㄴ이 쓰여진 흰색 카드입니다.

8-1 2에서 오른쪽으로 갈수록 2씩 커지는 규칙이 있고, 분홍색, 연두색, 하늘색이 반복되는 규칙이 있습니다.

따라서 일곱 번째는 분홍색 14, 여덟 번째는 연두색 16, 아홉 번째는 하늘색 18, 열 번째는 분홍색 20입니다.

8-2 앞면은 분홍색, 파란색, 노란색이 반복되고, 윗면은 흰색, 흰색, 보라색, 보라색이 반복되고, 옆면은 보라색, 보라색, 흰색, 흰색이 반복되는 규칙이 있습니다.

따라서 11번째 상자는 앞면은 파란색, 윗면은 보라색, 옆면은 흰색이므로 ②입니다.

유형 9

+	1	㉠	7	㉣
1		5		
㉡			11	14
㉢	8			
10				

1+㉠=5이므로 ㉠=4입니다.
㉡+7=11이므로 ㉡=4입니다.
㉢+1=8이므로 ㉢=7입니다.
㉡+㉣=4+㉣=14이므로 ㉣=10입니다.

9-1

+	1	㉡	5	7	㉤
㉠	2			8	
㉢		6			
5		8			
㉣				14	16
㉥					18

㉠+1=2이므로 ㉠=1입니다.
5+㉡=8이므로 ㉡=3입니다.
㉢+㉡=㉢+3=6이므로 ㉢=3입니다.
㉣+7=14이므로 ㉣=7입니다.
㉣+㉤=7+㉤=16이므로 ㉤=9입니다.
㉥+㉤=㉥+9=18이므로 ㉥=9입니다.

9-2

+	2	㉢	㉤	㉦	10
㉣		6	8		
㉠	6			12	
6		10		14	
㉡	10				
㉥			16		20

㉠+2=6이므로 ㉠=4입니다.
㉡+2=10이므로 ㉡=8입니다.
6+㉢=10이므로 ㉢=4입니다.
㉣+㉢=㉣+4=6이므로 ㉣=2입니다.
㉣+㉤=2+㉤=8이므로 ㉤=6입니다.
㉥+㉤=㉥+6=16이므로 ㉥=10입니다.
6+㉦=14이므로 ㉦=8입니다.

9-3 〈완성하기〉

+	ㄹ	ㅁ	10	14	18
2					
6					
ㄱ	12		20		
ㄴ		20	24		
ㄷ				32	

→

+	2	6	10	14	18
2	4	8	12	16	20
6	8	12	16	20	24
10	12	16	20	24	28
14	16	20	24	28	32
18	20	24	28	32	36

㉠+10=20이므로 ㉠=10입니다.

㉡+10=24이므로 ㉡=14입니다.

㉢+14=32이므로 ㉢=18입니다.

㉠+㉣=10+㉣=12이므로 ㉣=2입니다.

㉡+㉤=14+㉤=20이므로 ㉤=6입니다.

오른쪽으로 갈수록 4씩, 아래쪽으로 내려갈수록 4씩 커지는 규칙이 있습니다.

유형10

×	2	㉠	㉢	5
2			8	
㉡		9		
4		12		
㉣				25

4×㉠=12이므로 ㉠=3입니다.

㉡×㉠=㉡×3=9이므로 ㉡=3입니다.

2×㉢=8이므로 ㉢=4입니다.

㉣×5=25므로 ㉣=5입니다.

10-1

×	2	4	㉡	㉣
㉠	4		12	
㉢			24	
㉤				48
8		32		64

㉠×2=4이므로 ㉠=2입니다.

㉠×㉡=2×㉡=12이므로 ㉡=6입니다.

㉢×㉡=㉢×6=24이므로 ㉢=4입니다.

8×㉣=64이므로 ㉣=8입니다.

㉤×㉣=㉤×8=48이므로 ㉤=6입니다.

참고 색칠된 칸의 세로에 있는 수와 가로에 있는 수를 곱하여 나머지 칸을 채울 수 있습니다. ●단의 수는 오른쪽으로 갈수록, 아래쪽으로 내려갈수록 ●씩 커지는 규칙을 이용하여 나머지 칸을 채울 수도 있습니다.

10-2

×	㉠	㉢	5	7	㉥
1	1				
㉡	3	9			
㉣			25		
㉤		21		63	
㉦					81

1×㉠=1이므로 ㉠=1입니다.

㉡×㉠=㉡×1=3이므로 ㉡=3입니다.

㉡×㉢=3×㉢=9이므로 ㉢=3입니다.

㉣×5=25이므로 ㉣=5입니다.

㉤×㉢=㉤×3=21이므로 ㉤=7입니다.

㉤×㉥=7×㉥=63이므로 ㉥=9입니다.

㉦×㉥=㉦×9=81이므로 ㉦=9입니다.

10-3 〈완성하기〉

×	㉠	4	5	㉤	㉥
㉡	9				
㉢		16			
5	15				
㉣	18			36	42
㉦					49

→

×	3	4	5	6	7
3	9	12	15	18	21
4	12	16	20	24	28
5	15	20	25	30	35
6	18	24	30	36	42
7	21	28	35	42	49

5×㉠=15이므로 ㉠=3입니다.

㉡×㉠=㉡×3=9이므로 ㉡=3입니다.

㉣×㉠=㉣×3=18이므로 ㉣=6입니다.

㉣×㉤=6×㉤=36이므로 ㉤=6입니다.

㉣×㉥=6×㉥=42이므로 ㉥=7입니다.

㉦×㉥=㉦×7=49이므로 ㉦=7입니다.

3단의 수는 오른쪽으로 갈수록, 아래쪽으로 내려갈수록 3씩 커집니다.

4단의 수는 오른쪽으로 갈수록, 아래쪽으로 내려갈수록 4씩 커집니다.

5단의 수는 오른쪽으로 갈수록, 아래쪽으로 내려갈수록 5씩 커집니다.

6단의 수는 오른쪽으로 갈수록, 아래쪽으로 내려갈수록 6씩 커집니다.

7단의 수는 오른쪽으로 갈수록, 아래쪽으로 내려갈수록 7씩 커집니다.

참고 찾을 수 있는 여러 가지 규칙 중 한 가지만 바르게 쓰면 정답으로 합니다.

MEMO